Stilsicher im Beruf

Horst Hanisch
Matthias Nöllke

HAUFE.

Inhalt

Teil 1: Knigge für Beruf und Karriere

Teil 2: Peinliche Situationen meistern

Teil 1: Knigge für Beruf und Karriere

Vorwort

Zwanzig Berufsanfänger hatten sich beworben, vier waren eingeladen. Jetzt sitzen der Personalchef und der Abteilungsleiter wieder zu zweit am Tisch. Und die Entscheidung ist gefallen: Herr P. hatte die besten Noten. Sogar bessere als Frau M. Aber seine Umgangsformen ... Und die waren nicht allein der Nervosität zuzuschreiben. Hätten die Kollegen auf Dauer gut mit ihm zusammenarbeiten können?

Dieses Szenario ist nicht aus der Luft gegriffen. Höfliche Umgangsformen und die Fähigkeit, auch in prekären Situationen souverän und freundlich zu bleiben, sind von großer Bedeutung. Viele Personalabteilungen legen darauf Wert. Und zu Recht. Schließlich verbringen Sie mit Ihren Kollegen mehr Zeit als mit Ihrem Partner.

Ob Sie in dieser Beziehung noch etwas lernen können, wissen Sie allein. Was es aber alles zu lernen gibt, das können Sie in diesem Buch lesen. Doch bevor Sie das tun, noch eine Bemerkung:

Wenn Ihnen jemand weißmachen will, was richtig höflich sei, Ihnen sich aber dabei die Haare sträuben, dann geben Sie mir einfach Bescheid (horst.hanisch@knigge-seminare.de).

Und last but not least: Herrn Ulrich Leinz danke ich für die tatkräftige Unterstützung bei der Bearbeitung des Manuskriptes.

Viel Spaß beim Lesen wünscht Ihnen

Horst Hanisch

Gewandt und sicher auftreten

Höflichkeit ist wie ein Luftkissen: Es mag wohl nicht viel drin sein, aber es mildert die Stöße des Lebens.

Arthur Schopenhauer

Vielleicht nicht, wenn der (oder die) Liebste Sie gerade vor die Tür gesetzt hat – aber in vielen anderen Situationen geht es Ihnen doch sicherlich auch so, dass Sie Ihren Mitmenschen sympathisch und angenehm in Erinnerung bleiben wollen. Und zwar von Anfang an. Doch wie können Sie das machen?

Lesen Sie im folgenden Kapitel

- wie Sie von Anfang an sympathisch wirken,
- wie Sie Ihr Gegenüber taktvoll begrüßen, richtig anreden und wann Sie die Hand reichen,
- welche Kleidung zu einem bestimmten Anlass passt,
- wie Sie Parfüm, Kosmetik und Schmuck richtig einsetzen und
- wer wem den Vortritt lässt.

Von Anfang an sympathisch

Lässt sich Sympathie einfach „machen"? Einerseits nein. Sympathie lässt sich nicht machen – gerade in Situationen, in denen Sie einem Menschen das erste Mal gegenüberstehen. Denn ob Sie einer anderen Person sympathisch sind (und sie Ihnen), entscheiden Sie nicht bewusst, sondern Areale Ihres Gehirns, die zwischen Freund und Feind unterscheiden – wie zu Urzeiten und da musste es verständlicher Weise sehr schnell gehen. Daher läuft dieser Prozess blitzschnell ab. Schon in wenigen Sekunden sind die Weichen gestellt. Und schließlich ist der Prozess sehr komplex.

Dennoch sind Sie Ihrem Unbewussten nicht vollkommen ausgeliefert. Sie haben, wie der Psychologe Hans-Georg Häusel (u.a. in seinem Buch „Think Limbic") feststellt, innerhalb der unbewussten Reaktion einen weiten Entscheidungsspielraum, da der Prozess so komplex ist und alle Details nun auch nicht unbewusst geregelt sein können. Und da es beim Thema Sympathie um mindestens zwei Personen geht, potenziert sich die Anzahl der ungeregelten Details. Darin liegt Ihre Chance zur Sympathie.

Bilden Sie Ihre Höflichkeit

Der Spielraum, den die bewussten Entscheidungen innerhalb der unbewussten Reaktionen haben, ist der Ansatzpunkt: Hier können Sie den höflichen Umgang weiter ausbilden, um mehr Menschen in fast allen Situationen sympathisch zu sein. Und zwar indem Sie lockerer werden, an innerer Souveränität gewinnen und Ihr Gegenüber respektieren. Und sich *Lockerheit, Souveränität* und *Respekt* in Ihren Umgangsformen ausdrücken. Und zwar nicht erst, nachdem Sie „warm gelaufen" sind, sondern schon von Anfang an, wenn Sie jemandem begegnen.

> Denn der erste Kontakt, die ersten Sekunden, prägen den Verlauf einer Begegnung ganz außerordentlich.

Lockerheit, Souveränität und Respekt sind aber noch sehr allgemein. Deswegen gehen wir ins Detail und versuchen herauszufinden, welche Aspekte bei einer ersten Begegnung wichtig sind.

Wie war das beim ersten Mal?

Dafür bitte ich Sie zu überlegen, was Ihnen in Erinnerung ist von z. B. der ersten Begegnung mit Ihrem Chef (oder Ihrer Chefin) oder mit einem Kunden ... (Um die Situation wieder in Erinnerung zu rufen, überlegen Sie zuerst: Zu welchem Anlass war das? Wie bin ich dorthin gekommen? Wie war dort die Situation?) Nehmen Sie dann Stift und Zettel zur Hand und notieren Sie der Reihe nach, was für einen ersten Eindruck Sie von dieser Person hatten.

Vergleichen Sie nun das Ergebnis Ihrer Erinnerung mit der hier geschilderten Begegnung. Natürlich nicht in der direkten Beschreibung, aber von den Gesichtspunkten her werden sich wahrscheinlich einige von diesen auch bei Ihnen finden: Und wenn sie sich ähnlich sind, dann war es sicher ein sehr sympathischer erster Eindruck, den Sie hatten:

1. Sie waren beruhigt, weil Ihr Gegenüber sich für Sie erhoben hatte
2. und angenehm überrascht, weil er sogar Ihren Namen wusste.
3. Dann war sein Händedruck fest und herzlich
4. und er lächelte Sie freundlich an.
5. Wie er sich kleidete, bestach durch eine leger individuelle Note
6. und Sie nahmen einen dezenten Duft wahr.

Diese sechs Punkte sind zentrale Aspekte, auf die wir im Folgenden weiter eingehen. Zentral sind sie deswegen, weil fast alle Sinne berücksichtigt sind – und das Empfinden für soziale Hierarchien: der Tastsinn (Handschütteln), der Sehsinn (Blick in die Augen und auf die Kleidung), der Geruchssinn (Körpergeruch) und das Gefühl der Gleichrangigkeit (Erheben) und das Entgegenkommen (Nennung des Namens).

Können Sie sich entschuldigen?

Es gibt Situationen, in denen plötzlich klar wird, dieser Person bin ich gerade gar nicht sympathisch. Vielleicht waren Sie es einmal. Aber das ist nun vorbei. Und Sie könnten sich selbst ohrfeigen. Denn was Sie da soeben zu Ihrer Kollegin gesagt haben, ist Ihnen derart unangenehm. Es ist Ihnen einfach so herausgerutscht. Und Sie können bestens nachvollziehen, dass sie gekränkt ist. Aber was sollen Sie tun?

Was Sie tun können, ist für einen höflichen Umgang grundlegend. Sie können sich entschuldigen. Das setzt Lockerheit, Souveränität und Respekt vor dem anderen voraus. Den Respekt wollen Sie wiederherstellen. Dazu brauchen Sie Souveränität, um Ihr Verhalten kritisch betrachten zu können. Und Lockerheit, damit Sie auf die Person, die Sie verletzt haben, zugehen können. Und das sollten Sie tun.

Aber kann sich denn jemand selbst entschuldigen? Es ist zwar sprachlich so üblich („Ich entschuldige mich"), aber logisch ist es nicht. Entschuldigen kann doch nur der, an dem Sie sich schuldig gemacht haben. Daher kann es wohl nur möglich sein, um Entschuldigung zu bitten. Aussprechen aber muss die Entschuldigung der andere.

Ist Ihnen ein Fauxpas passiert, so bitten Sie um Entschuldigung. Tun Sie es am besten sofort. Wenn Sie meinen, es handelt sich um eine kleinere Sache, brauchen Sie nicht um Entschuldigung zu bitten. Das kann auch zu dramatisch wirken. Sagen Sie stattdessen, dass es Ihnen (sehr) Leid tut.

Und wenn Sie in Gegenwart mehrerer jemanden gekränkt haben, so bitten Sie am besten auch in deren Gegenwart um Entschuldigung. Denn manchmal sind Dritte nachtragender als der Betroffene.

Wie Sie taktvoll begrüßen

In einer Begrüßung kommt es immer darauf an, dem Gegenüber seinen Respekt zu erweisen. Das können Sie in einer einfachen und doch wirkungsvollen Geste ausdrücken: Indem Sie sich zur Begrüßung erheben. Wenn es auch im beruflichen Alltag nicht üblich ist, so sollten Sie doch schon bei einem Meeting, auf jeden Fall aber bei Kongressen, Firmenjubiläen etc. keine Chance verstreichen lassen. Und: Gestalten Sie die Begrüßung.

Erheben Sie sich (natürlich nur, wenn Sie gerade sitzen),

- wenn jemand zur Begrüßung auf Sie zukommt,
- wenn Sie jemandem vorgestellt werden oder
- wenn Sie sich selbst vorstellen.

> Jeder erhebt sich für eine andere Person – ganz abgesehen von deren Status.

Es wird zwar immer noch den einen oder anderen Mann verwundern – aber Frauen erheben sich zur Begrüßung ebenso wie Männer; es ist heute schlicht überall im geschäftlichen Bereich höflicher Umgang. Bringen doch Frauen, die sich erheben, ganz selbstverständlich zum Ausdruck, dass Sie mit den Männern auf einer Ebene stehen.

Als Herr achten Sie darauf, Ihr Jackett, das Sie, bevor Sie sich gesetzt hatten, geöffnet haben, nun wieder zu schließen: Einen Knopf zu schließen reicht vollkommen aus.

Wie begrüßen Sie Ihre Gäste zu Hause oder in der Firma?

Sie werden den Gast zuerst ins Gebäude bitten, um ihn anschließend höflich willkommen zu heißen. Und vergessen Sie nicht, sich dafür zu bedanken, dass der Gast Ihrer Einladung gefolgt ist.

Erwarten Sie als Gastgeber eine größere Anzahl Gäste, so sollten Sie jemand anderen bitten, die Begrüßung an der Tür zu übernehmen. So sind Sie flexibler und können Ihre Aufmerksamkeit mehreren Gästen widmen.

Dame oder Herr – wen zuerst begrüßen?

Wenn Sie zu einer Feier kommen und Sie mehrere Personen begrüßen wollen, sollten Sie auf die Reihenfolge achten. Üblich sind dabei diese Regeln: Sie grüßen

- die Dame vor dem Herrn,
- die ältere Person vor der jüngeren,
- die in der Hierarchie höher stehende Person vor der hierarchisch tiefer stehenden.

Was tun bei „regulärem Chaos"?

Was tun Sie aber, wenn die Regeln einander widersprechen? Wenn Sie z.B. zu einer Feier kommen und gleich an der Tür steht der Chef und alte Freund Ihres Vaters. Zwei Meter weiter erblicken Sie jedoch die junge Ehefrau Ihres Kollegen, der Sie eingeladen hat. Wen begrüßen Sie zuerst? Den Älteren vor der Jüngeren (Regel 1: zuerst den Freund Ihres Vaters), die

Dame vor dem Herrn (Regel 2: zuerst die Gattin Ihres Kollegen) oder doch den Chef vor der Kollegengattin (Regel 3)?

Manchmal müssen Sie mit den ihnen bekannten Regeln kreativ umgehen und eine höfliche Lösung finden. Wie in diesem Fall: Die räumliche Distanz bietet sich dazu an. Grüßen Sie die näher stehende Person vor der entfernter stehenden. Aber schenken Sie zuerst der entfernter stehenden Person einen aufmerkenden, freundlichen Blick.

Nachdem Sie den Freund Ihres Vaters und danach die Gastgeberin begrüßt haben, gehen Sie weiter und treffen nun auf eine kleine Gruppe. Lassen sich die Geschlechter klar unterscheiden, so stehen sie hier vor dem Problem, dass Sie nicht wissen, welche der Damen in der Gruppe die älteste ist. Was tun Sie in diesem Fall? Sie begrüßen der Reihe nach und sagen (in einer rhetorischen Frage): „Darf ich Sie einfach der Reihe nach begrüßen?"

Erhebend gelassen begrüßen

Nehmen Sie sich einen Stuhl, einen Tisch und einen Spiegel (oder einen Freund). Setzen Sie sich auf den Stuhl und dicht an den Tisch heran. Den Spiegel haben Sie zuvor links von Ihnen aufgestellt, sodass Sie sich darin von der Seite beobachten können.

Nun stellen Sie sich vor, jemand, den Sie kennen, tritt von hinten links an Sie heran und sagt: „Hallo Herr/Frau X, darf ich Ihnen Frau Y vorstellen." Daraufhin tun Sie Folgendes:

- Sie erheben sich,
- schließen das Jackett und
- wenden sich Frau Y zur Begrüßung zu.

Spielen Sie nun den Bewegungsablauf nach und versuchen Sie die Situation zu meistern.

Dazu müssen Sie den Stuhl zurückschieben – ohne ihn Ihrem Bekannten oder gar Frau Y in den Unterleib zu stoßen: Also springen Sie nicht hektisch auf. Schieben Sie auch nicht den Stuhl mit den Kniekehlen beim Aufstehen über den Boden. Sondern greifen Sie die Arm- oder Stuhllehne, heben Sie den Stuhl etwas an und schieben ihn zurück.

- Sie schließen das Jackett, indem Sie sich schon drehen und Ihrem Bekannten – besser aber noch Frau Y – in die Augen schauen. Sie müssen sich dazu das Jackett schließen können, ohne auf Ihre Finger zu schauen.
- Nun drehen Sie sich weiter Frau Y zu. Aber drehen Sie sich mit dem ganzen Körper, also auch mit den Füßen! Sonst laufen Sie Gefahr, sich bei einem anschließenden Smalltalk mit der Zeit mehr und mehr zu verkrampfen.

Der oben erwähnte Freund kann selbstverständlich auch eine Freundin sein und die Aufgabe des Spiegels viel besser übernehmen: als Choreograph, Trainer und Kritiker. Sie können die Rollen auch wechseln – dann genieren Sie sich vielleicht weniger und es macht Ihnen mehr Spaß.

Sie können die Übung noch variieren, indem Sie sich verschiedene Personen vorstellen, die auf Sie zukommen, um Ihnen Frau Y vorzustellen, solche, die Sie sehr mögen, und solche, die Sie eher weniger mögen. Versuchen Sie dennoch sich gelassen zu erheben.

So reden Sie richtig an

Das, was wir so gemeinhin „Anrede" nennen, besteht, wenn Sie genauer hinsehen, aus bis zu vier Teilen, nämlich aus:

- einer Begrüßungsformel,
- eventuell einem Titel,
- einer Anrede und
- dem Namen.

Bei der Wahl der Begrüßungsformel richten Sie sich am besten nach der Tageszeit. Benutzen Sie als Gruß

- bis etwa 10.00 Uhr: Guten Morgen
- bis 18.00 Uhr: Guten Tag
- und ab 18.00 Uhr: Guten Abend

Um diese Formeln herzlicher und persönlicher zu gestalten, sagen Sie: „Ich wünsche Ihnen einen schönen guten Morgen." Und entsprechend formulieren Sie zu den anderen Tageszeiten. Benutzen Sie keine nur regional üblichen Begrüßungsformeln. Es gibt geeignetere Momente, in denen Sie Ihre Heimatverbundenheit unter Beweis stellen können als gleich zu Beginn einer ersten Begegnung.

Die richtigen Anreden

- Akademische Grade wie „Doktor" oder „Professor" sind selbstverständlicher Teil der Begrüßung. Falls Frau Doktor B. auch Professorin ist, wird sie mit dem Professorentitel und ihrem Namen angesprochen: „Frau Professor B."
- Das Adelsprädikat ist in Deutschland seit 1919 und der Weimarer Reichsverfassung kein Prädikat mehr, sondern Teil des Namens. Es wird entsprechend nicht mehr verliehen, sondern nur noch vererbt – und in der Anrede genannt. Richtig ist es also, den Vornamen vor dem ehemaligen Prädikat zu nennen: Ferdinand Graf Ritterburg (und nicht Graf Ferdinand Ritterburg).
- Bei Personen in politischen, militärischen oder kirchlichen Ämtern wird in der Anrede meist die Funktionsbezeichnung ohne Namen genannt: Frau Bundestagspräsidentin, Herr General, Frau Bischöfin. (Falls eine Frau Regierungsrätin Wert darauf legt, Regierungsrat genannt zu werden, so respektieren Sie diesen Wunsch.)
- Im bürgerlichen Bereich reden Sie mit Frau D. beziehungsweise Herr K. richtig an. (Die Anrede Fräulein ist antiquiert und bleibt ansonsten älteren Damen vorbehalten, die gezielt mitteilen, dass Sie so angesprochen werden wollen.)
- Der Name wird ganz ausgesprochen, auch wenn es sich um einen Doppelnamen handelt.

Den Namen vergessen?

Ihnen fällt partout der Name Ihres Gesprächspartners nicht ein. Und es wird auf die Dauer nicht angenehmer, ständig so zu formulieren, dass Sie seinen Namen nicht nennen müssen. Was können Sie tun?

Vor allem nicht drum herum reden – fragen Sie direkt nach: „Würden Sie mir Ihren Namen nochmals ins Gedächtnis rufen?“ oder „Bitte helfen Sie mir bei Ihrem Namen noch mal auf die Sprünge.“ Oder schauen Sie auf die Visitenkarte, falls Sie die schon ausgetauscht haben.

Stellen Sie sich vor ...

Ihr Gastgeber hat keine Zeit. Stehen Sie dann etwa, da Sie niemanden kennen, so lange herum, bis er Zeit hat Sie mit seinen anderen Gästen bekannt zu machen? Selbstverständlich nicht: Sie gehen auf die anderen Gäste zu und stellen sich selbst vor. (Es könnte eher als Arroganz gewertet werden, wenn Sie sich nicht bekannt machen.)

Als Formel empfehle ich Ihnen – entsprechend der eleganten und doch einfachen englischen Wendung „May I introduce myself“ –

- „Darf ich mich Ihnen vorstellen, mein Name ist ...“ oder selbstbewusster:
- „Ich darf mich vorstellen, mein Name ist ...“

> Wenn Sie die Formel etwas verlängern, geben Sie demjenigen, dem Sie sich vorstellen, mehr Zeit zu reagieren: „Einen schönen guten Abend. Ich glaube, wir kennen uns noch nicht. Darf ich mich Ihnen vorstellen ....“

Manchmal ist es auch notwendig, dem Gastgeber, wenn er Ihren Namen vergessen hat, aus der Patsche zu helfen. Wenn er also zögert Sie vorzustellen, tun Sie es selbst. Stecken Sie

jedoch selbst in der unangenehmen Lage, den Namen eines Gastes vergessen zu haben, und Ihre Gäste stellen sich einander ohne Ihre Hilfe vor, so überspielen Sie dieses Missgeschick und entschuldigen sich: „O, das tut mir leid, ich hatte ganz vergessen Sie miteinander bekannt zu machen."

Bei Tagungen oder größeren Empfängen, bei denen Sie nicht damit rechnen können, vorgestellt zu werden, ist es eine Selbstverständlichkeit, auf andere Teilnehmer bzw. Gäste zuzugehen und sich vorzustellen. Auch wenn bei einer Tagung Namensschilder zum Anheften verteilt wurden, stellen Sie sich mit Namen vor. Es kann ja sein, dass Ihr Gegenüber Ihren Namenszug nicht lesen kann.

> Bauen Sie eine Eselsbrücke aus Ihrem Namen, wenn Sie sich vorstellen. Dann kann sich Ihr neuer Bekannter Ihren Namen besser merken. Achten Sie dabei aber auf einen positiven Bezug.

Wie Sie Ihre Gäste einander vorstellen

Wenn Sie einige Personen einander vorstellen, so tun Sie das ebenso unter Rücksichtnahme von Geschlecht, Alter und gesellschaftlicher Bedeutung wie bei der Begrüßung. Hinzu kommen noch drei weitere Regeln bezüglich des Bekanntheitsgrades, der geografischen Herkunft und der momentanen Anwesenheit.

Stellen Sie daher

- den Herrn der Dame vor,
- die jüngere Person der älteren,
- den Rangniedrigeren dem Ranghöheren,
- den Bekannten dem Fremden,
- den Inländer dem Ausländer und
- den, der schon da ist, demjenigen, der neu hinzu kommt.

Das heißt, dass Sie zunächst die Person (die Dame bzw. die ältere) anschauen, der Sie die Person vorstellen (nämlich den Herrn, die jüngere Person etc.), und dabei die Vorstellung durch erklärende Worte einleiten: „Frau G., darf ich vorstellen ..." An diesem Punkt angelangt, wenden Sie den Kopf und schauen jetzt zu der Person, die Sie vorstellen, und fahren dabei mit den Worten fort: „... das ist Herr S."

Bis hierhin haben Sie aber nur Herrn S. vorgestellt gegenüber Frau G. Das ist erst die halbe Vorstellung! Drehen Sie es jetzt um und stellen Frau G. dem Herrn S. vor. Dazu brauchen Sie sich keine anderen Formeln einfallen zu lassen. Andererseits kann Abwechslung nicht schaden.

Ist es an Ihnen, vorgestellt zu werden, reichen Sie der anderen Person die Hand und antworten mit einer der folgenden Formeln: „Freut mich (sehr)", „Es freut mich, Sie kennen zu lernen", „Es freut mich sehr, Sie kennen zu lernen, Frau G.". Oder Sie wiederholen Ihren eigenen Namen: „Thomas Sturm, guten Abend." Veraltet wirken jedoch Antworten wie „angenehm" oder „sehr angenehm".

Wenn Sie vorgestellt wurden, führen Sie mit Ihrem neuen Bekannten einen Smalltalk und runden so die Vorstellung ab (siehe Kapitel „Smalltalk").

Treten Sie näher – aber nicht zu nah!

Die meisten Menschen halten zu ihrem Gesprächspartner intuitiv die richtige Distanz ein. Indem Sie diese Distanz über- oder unterschreiten, können Sie die Wirkung auf eine andere Person, insbesondere bei der ersten Begegnung, selbst in die Hand nehmen und gestalten.

Die Distanz ist:

- größer als 3 m: Halten Sie diese „öffentliche Distanz" ein, wenn Sie z. B. eine Rede halten.
- 3 m bis 1 m: Bleiben Sie in dieser Entfernung stehen, wenn Sie einen Raum betreten und sich Überblick verschaffen wollen.
- 1 m bis 50 cm: Sie stehen in „persönlicher Distanz" und führen Smalltalk oder ein angenehmes Gespräch.
- weniger als 50 cm: So nahe sollten Sie im Geschäftsleben keiner Person kommen (es sei denn Ihr Lebenspartner begleitet Sie zu einem Empfang). Ansonsten könnte diese Distanz als Geheimnistuerei gedeutet oder als indiskretes Verhalten verurteilt werden.

Wie Sie sich aus einem Gespräch ausklinken

Genauso schwierig wie es scheint, auf eine Gruppe zuzugehen, kann es auch sein, sich von dieser Gruppe wieder zu entfernen.

Haben Sie zum Beispiel andere Gäste entdeckt, die Sie begrüßen möchten, verabschieden Sie sich von Ihren Gesprächspartnern in dieser Art: „Entschuldigen Sie bitte, aber ich sehe gerade, dass ein Bekannter ... Wir sehen uns!"

Sehen Sie aber keinen Bekannten, sagen Sie es fast genau so: „Entschuldigen Sie bitte, aber ich sehe gerade ..." Sie wollen doch nicht lügen, oder?

Wenn Ihr Gesprächspartner Sie aber mit seinen Ausführungen langweilt oder er Sie so in Beschlag nimmt, dass eine Begegnung mit anderen Gästen kaum möglich erscheint, scheint es nur die Lösung zu geben, sich relativ radikal aus der Bindung zu befreien. Zum Beispiel so: „Das Gespräch mit Ihnen ist wirklich interessant. Wir sollten es zu einem späteren Zeitpunkt fortführen. Sicherlich sehen wir uns heute im Laufe des Abends noch. Viel Vergnügen wünsche ich Ihnen. Bis später." Nun sollten Sie so schnell wie möglich das Weite suchen.

Wann Sie die Hand reichen

Wenn Sie einer anderen Person zur Begrüßung die Hand reichen, so dringen Sie bis an die Grenze der persönlichen Distanz vor und in den sensiblen Bereich des körperlichen

Kontaktes ein. Daher ist es nicht verwunderlich, dass es zwei Bereiche klar voneinander zu trennen gilt: den geschäftlichen Bereich, in dem Sie so oft wie möglich die Hand reichen sollten, und den gesellschaftlichen, in dem es sich nicht immer geziemt, die Hand zu reichen.

Die Hand des Vertrauens

Wenn Sie *geschäftlich* unterwegs sind, sei es im Außendienst, auf Dienstreise zu einer Niederlassung oder anderweitig, reichen Sie immer die Hand – auch ungeachtet kleinerer hierarchischer Differenzen. Denn Sie wollen etwas durchsetzen und schaffen dadurch, dass Sie die Hand zur Begrüßung darbieten, Nähe und Vertrauen und einen tatkräftigen Eindruck. Und tun Sie das auch zur Verabschiedung!

> Aber schütteln Sie nicht die Hand Ihres Gegenübers, sondern reichen Sie die Hand mit einem kurzen, nicht zu festen Druck.

Bei *gesellschaftlichen* Anlässen kommt es ganz auf den Rahmen an, ob Sie die Hand zur Begrüßung reichen. Doch grundsätzlich sollten Sie es tun.

Bei größeren Feiern ist es aus praktischen Erwägungen nicht empfehlenswert, alle mit Händedruck zu begrüßen. Aber es sollte vermieden werden, dass sich in einer Gruppe nur die mit Handschlag begrüßen, die sich schon kennen. Das wäre gegenüber den anderen unhöflich. Zumindest, wenn eine anschließende Vorstellung unterbleibt.

Wenn Sie schon seit Tagen herumschniefen und schon mehrere Packungen Taschentücher verbraucht haben, sollten Sie besser davon absehen, die Hand zu reichen. Aber Sie sagen selbstverständlich den Grund. Denn wenn Ihnen jemand die Hand reicht, Sie aber nicht einschlagen, so ist das nichts anderes als ein Affront.

Sicherlich ist es ein sehr herzlicher und inniger Ausdruck, die Hand eines anderen zur Begrüßung oder zur Verabschiedung zu ergreifen und womöglich mit beiden Händen regelrecht zu umschließen. Aber diese Form gehört wie Schulterklopfen und Umarmung allein in den familiären Umgang.

Kalte Hände – warmes Herz

Sie sind zu einem Vorstellungsgespräch eingeladen und entsprechend nervös, haben kalte Hände und merken, je näher der Zeitpunkt kommt, wie diese auch noch feucht werden. Was tun Sie?

Sie müssen nichts tun. Es ist ganz normal, bei einem Vorstellungsgespräch kalte und feuchte Hände zu haben. Gehen Sie lieber offensiv damit um, sagen Sie Ihrem Gesprächspartner, dass Sie etwas nervös sind und kalte Hände haben. Sie zeigen dadurch die Größe, Gefühle zu haben, aber ihnen nicht ausgeliefert zu sein. (Dennoch können Sie sich mit einem Stofftaschentuch die Hände abtrocknen.)

Reichen Sie die Hand nicht über Kreuz

Es steckt wohl noch so etwas wie Aberglaube dahinter, dass sich die Hände nicht über Kreuz gereicht werden. Gehen Sie, wenn Sie mit Ihrem Partner unterwegs sind (der Herr geht immer links von der Dame) und auf ein anderes Paar treffen, nach diesem Muster vor:

- Zuerst reichen sich die beiden Damen diagonal die Hände.
- Dann reichen die Damen den Herren die Hand (parallel).
- Und schließlich die beiden Herren (diagonal).

Wenn Sie Handschuhe tragen ...

... ziehen Sie zur Begrüßung den rechten Handschuh aus und halten ihn mit der linken Hand, damit die rechte Hand zum Gruß frei ist.

Schauen Sie aufmerksam in die Augen

Schauen Sie zur Begrüßung Ihrem Gegenüber in die Augen. Tun Sie das ganz entspannt, aber mit Klarheit, während Sie Ihr Gegenüber anreden und die Hand reichen.

Wenn Sie bei einer ganzen Delegation jeden Einzelnen mit Handschlag begrüßen: Schauen Sie nicht, während Sie noch die Hand des einen halten, schon zum Nächsten. Bleiben Sie ganz bei der einen Person, die Sie soeben begrüßen. Sie könnten sonst leicht gehetzt wirken.

Findet solch eine Begrüßung bei einer Gartenparty statt, bedenken Sie, dass der Boden nicht eben sein könnte. Achten Sie daher darauf, dass Sie zuerst sicher stehen und dann die Hand reichen. (Andernfalls begrüßen Sie hoffentlich eine standfeste Person.) Von den kleinen Unebenheiten im Gesicht Ihres Gegenübers sollten sich Ihre Blicke nicht irritieren lassen.

Schau mir in die Augen ...

Ihnen ist er (oder sie) schon bei der Begrüßung aufgefallen. Das strahlende Gesicht, die verführerischen Augen. Sie können gar nicht anders, als ständig zu ihm (ihr) zu sehen und zu versuchen seinen (ihren) Blick zu erhaschen. – Können Sie wirklich nicht anders? Sie sollten es können! Zumindest bis Sie erstens herausgefunden haben, ob die Person, die Sie anhimmeln, nicht in Begleitung ist. Achten Sie zweitens auf Diskretion: Ihre entzückten Blicke sollten nur dem sichtbar sein, dem sie gelten. Spüren Sie drittens klare Ablehnung, behelligen Sie die Person nicht mehr.

Gut gekleidet zu jedem Anlass

Vielen bereitet die Frage „Was ziehe ich bloß an?" einiges Kopfzerbrechen. Wir pflegen heute zwar eine recht liberale Kleiderordnung, aber ob es dadurch einfacher geworden ist, die richtige Wahl zu treffen, bezweifle ich. Geht es doch heute vor allem darum, nicht overdressed oder underdressed zu erscheinen. Es ist nicht unbedingt das beste Gefühl, mit langer Abendgarderobe zu erscheinen, wenn alle anderen T-Shirts und Jeans tragen.

Dieser Unsicherheit können Sie als Gastgeber abhelfen, indem Sie auf der Einladung eine Bemerkung zur Garderobe notieren. Das kann entweder ein Hinweis sein, der über die Art der Veranstaltung Aufschluss gibt und so Rückschlüsse auf die Kleidung zulässt. Oder Sie notieren Ihre Wünsche ganz konkret auf der Einladung (unten links). Beachten Sie: Die Angaben benennen üblicherweise nur die Garderobe für den Herrn.

Frauen beweisen Geschmack ...

In den 50er oder 60er Jahren konnten Frauen aus den Angaben für den Herrn genau ablesen, was sie entsprechend zu tragen hatten. Das ist passé. Heute gilt es, für Sie als Frau Geschmack zu beweisen. Das machen Sie einerseits, indem Sie Farbe, Stoff und Schnitt mit Ihrer Person und Figur abstimmen, und andererseits berücksichtigen, bei wem Sie eingeladen sind. Denn über Geschmack lässt sich nicht streiten und bei konservativen Gastgebern werden Sie mit traditionellen Stoffen und Schnitten sich angemessen kleiden. Das gewagte Abendkleid passt dann zur Party der IT-Firma in der besonderen Location.

> Aber als Frau sollten Sie nicht nur Geschmack beweisen, sondern Sie sollten sich auch wohlfühlen in Ihrer Kleidung!

Und denken Sie daran, dass hübsche Accessoires Ihrer Kleidung den letzten Pfiff geben können. Ein passender Seidenschal, eine Stola, ein Hut und vor allem geschmackvoller Schmuck runden Ihr angenehmes Erscheinungsbild ab.

... Männer spielen beim Verkleiden nicht mit

Die Zeiten, in denen Sie als Cowboy oder Batman die Gegend unsicher (oder sicher) gemacht haben, sind schon einige Jahre her. Und jetzt haben Sie immer noch den Eindruck, dass Sie sich verkleiden? Bloß diesmal als Anzugträger und es macht Ihnen bei weitem nicht so viel Spaß wie damals? Dann versuchen Sie das zu ändern: Kleidung sollte keine Verkleidung sein.

Bei hochoffiziellen Anlässen (Verleihung des Nobelpreises oder wenn Sie der Bundespräsident empfängt) ist sicher die Kleiderordnung für den Herrn recht streng. Doch gibt es auch neben dem Büroalltag viele Anlässe (wie etwa Firmen- oder Weihnachtsfeier etc.), wo Sie sich je nach Mode einfach nur „schick anziehen" sollten. Und dafür dürfen Sie Gott sei Dank auch andere Kleidungsstücke als die üblichen wählen. So ist zum Beispiel ein Spenzer (eine Jacke mit taillenkurzem und körpernahem Schnitt) für den Herrn eine durchaus angemessene Alternative. Aber auch bei den Anzügen gibt es verschiedene Schnitte und Stoffe. Und sollte er farblich auch zurückhaltend sein, so wirkt ein dezenter Ton doch belebend.

Und wenn es um berufliche Anlässe geht, gelten sowieso Kleiderordnungen, die von Branche zu Branche ganz verschieden sind. In der Finanzwelt geht es konservativ zu: Ohne Anzug läuft hier nichts. Wenn Sie jedoch auch im Hochsommer einen schwarzen Anzug tragen (aber keine Krawatte), müssen Sie wohl Grafiker sein.

Schauen Sie sich in Ihrer Firma um: Wie kleiden sich Ihre Kollegen. Übernehmen Sie, was Ihnen gefällt und was Ihnen steht. Und hin und wieder können Sie etwas Mut beweisen und über das, was Ihre Kollegen tragen, hinausgehen.

Wünscht die Einladung Stresemann, Cut oder …

Wenn Sie eine Einladung bekommen und nichts mit den Angaben unten links anzufangen wissen, hilft Ihnen die folgende Tabelle:

Diese Angabe	… heißt für den Herrn …	… heißt für die Dame …
Anzug	▪ ein dunkler Anzug, helles Hemd mit Krawatte	▪ Kostüm oder Hosenanzug
Stresemann (tagsüber)	▪ ein schwarzes, einreihiges Jackett, eine schwarz-grau gestreifte Hose mit einem weißen Hemd und grauer Weste. Die silbergraue Krawatte wird gehalten von einer Krawattennadel.	▪ Kostüm
Cut oder Cutaway (tagsüber)	▪ ein schwarzes langes Jackett mit runden Rockschößen (so genannten Schwalbenschwänzen), eine grau-schwarz gestreifte Hose, ein weißes Hemd mit grauer Weste und grauer Krawatte, einen grauen Zylinder im Freien (aber einen schwarzen Zylinder bei (Staats-)Begräbnissen.)	▪ Kostüm

Diese Angabe	... heißt für den Herrn ...	... heißt für die Dame ...
kleiner Gesellschaftsanzug (cravate noire, black tie) abends	▪ Smoking, also weiße oder helle Jacke mit Schalkragen oder Revers aus Seide, eine schwarze Hose mit aufgesetzten Längsstreifen (Seidengalons) und immer Lackschuhe. Zum weißen Hemd trägt er eine Schleife (Fliege) und eventuell Kummerbund.	▪ langes Abendkleid oder Cocktailkleid und kostbarer Schmuck
großer Gesellschaftsanzug (cravate blanche, white tie) abends	▪ Frack, schwarze Hose mit Doppelstreifen (Galons), Hosenträger, offen getragenes Jackett, vorn kurz tailliert, hinten knielang mit Schwalbenschwänzen, Frackhemd, Pikeeweste, weiße Frackschleife (Fliege), Manschettenknöpfe, schwarzer Zylinder.	▪ langes dekolletiertes Abendkleid und Schmuck

Kleidung und Anlass

Wenn auf der Einladung nicht notiert ist, was Sie anziehen sollen, und Sie unsicher sind, dann kann Ihnen diese Liste helfen.

Anlass	Herr	Dame
Lunch, Mittagessen	Straßenanzug	Business-Outfit, z. B. Kleid mit Strümpfen
Vormittags-Empfang	dunkler Anzug	Kostüm, Cocktailkleid oder Kleid mit Strümpfen
Akademische Feier	Stresemann, Cut	Kostüm
Cocktailparty	Straßenanzug, dunkler Anzug	Nachmittagskleid oder Cocktailkleid, Strümpfe
Ball, Bankett,	Smoking,	Abendkleid,
Diner, Dinner	Dinnerjacket, Abendanzug	Strümpfe
Premiere	Smoking	Abendkleid, Strümpfe
Gala-Premieren in Theater oder Oper	Frack	großes Abendkleid, Strümpfe
Beerdigung	dunkler Anzug	dunkles Kostüm mit langen Armen, Strümpfe

Casual Day – der legere Freitag

Kein Jackett, kein Schlips? Der Trend kommt aus den USA und daher, dass viele am Freitag direkt ins Wochenende starten. Er und sie schlüpfen schon morgens in die bequemen Klamotten, in denen Sie am Abend auch an der Bar oder am Pool eine gute Figur machen: Jeans oder Cordhose, Freizeithemd oder Pullover. Firmenleitungen haben die Entwicklung aufgegriffen und darin Positives gesehen. Denn, wer leger gekleidet ist, geht mit anderen auch leger um.

Doch scheint der Casual Day sich hierzulande nicht durchsetzen zu können. Das mag vielleicht auch daran liegen, dass die vielen Startups, in denen T-Shirt und Tischfußball zum Arbeitsalltag gehörten, an Strahlkraft verloren haben und der Trend eher zu konservativeren Kleidungsformen geht.

Wenn bei Ihnen der Casual Day üblich ist, achten Sie darauf, dass der recht private Umgang nicht in einen zu laxen umschlägt und die Distanz zwischen Ihnen und Ihren Kollegen zu sehr schmälert. Denn für einen höflichen Umgang sind Respekt und Distanz von großer Bedeutung.

Wenn sich aber ein Kunde angemeldet hat, fällt der legere Freitag flach.

Was wirklich untragbar ist

Es gibt Sachen, die sollten Sie nicht tragen. Sie sind tabu. Zum Beispiel ungeputzte Schuhe und schief getretene Absätze, zu auffällige Kleidung und übertriebener Schmuck: Sie wollen im Beruf doch durch Kompetenz auch in der Sache überzeugen und dieser Eindruck wird leicht durch derartige Äußerlichkeiten untergraben.

Außerdem sollten Rock- und Hosensäume nicht nur wenn Sie auf ein Fest gehen immer sauber umgenäht sein. Und während Laufmaschen die Gesamterscheinung negativ beeinflussen, so lenken zu kurze Röcke (nicht nur bei Verhandlungen oder einem Vertragsabschluss) lediglich ab.

Knöpfen Sie das Jackett offiziell auf?

Ob Sie die Knöpfe an ihrem Jackett oder Sakko offen oder geschlossen tragen, mag letztlich auch von der Raumtemperatur abhängen. Ausschlaggebend ist aber zunächst, ob Sie gerade am Tisch sitzen oder im Raum stehen.

- Falls Sie sitzen, öffnen Sie sämtliche Knöpfe, egal ob Sie einen Ein- oder Zweireiher tragen.
- Stehen Sie hingegen, so schließen Sie mindestens einen Knopf (bei vier Knöpfen untereinander die mittleren beiden).
- Wenn Sie eine Weste unter dem Jackett tragen, können Sie bei einem legeren Anlass das Jackett offen lassen. Die Knöpfe der Weste bleiben aber bis auf den untersten geschlossen.

Da Sie beim Sitzen die Knöpfe Ihres Jacketts geöffnet haben, schließen Sie einen Knopf des Jacketts, wenn Sie sich zur Begrüßung erheben und bevor Sie die Hand reichen. (Die Schnürsenkel Ihrer Schuhe sollten selbstverständlich immer geschlossen sein.)

Business-Kombinationen für den Herrn

Nicht nur die geschmackssichere Wahl eines passenden Hemdes und einer Krawatte komplettiert Ihr jeweiliges Outfit, auch auf die richtigen Schuhe sollten Sie achten:

Hemd und Krawatte

Anlass	Hemd	Krawatte
sehr förmlich	blaues oder weißes Hemd	Großgemustertes erscheint hier konservativ und nicht mehr zeitgemäß
weniger förmlich	weißes Hemd oder Hemden mit zarten Farben	Bei farbigen Hemden sollte in der Krawatte dieser Ton wieder auftauchen
	Hemd mit einfachem Muster, z. B. ein dünnes Karo	Krawatten lassen sich gut kombinieren
leger	Hemden mit kräftigem Muster	zurückhaltende Töne

Hosen und passende Schuhe

Hosenstoffe/-muster	Schuhe
Fischgrät, Flanell, Jeans	Glattleder
Cord, Cheviot, Tweed	Wildleder
Denim, Leinen, Nylon	Sneaker
Schurwolle, Nadelstreifen, Karos	Budapester

Von Krawatten und Fliegen

Die Herkunft der Krawatte ist ihr kaum noch anzumerken: Ihr Vorgänger war das Halstuch. Und ihre Synonyme sind vielfältig: Schlips, Binde, Binder, Plastron oder gar Strick. An ihr lässt sich der Geschmack des Mannes ablesen und an ihr zeigt sich auch seine Individualität. Wobei diese auch darin bestehen kann, dass er sich durch seine Krawatte nicht von den anderen Krawattenträgern abhebt.

- Geizen Sie beim Kauf einer Krawatte nicht. Sie ist aus feiner Seide (niemals aus Leder!) und hat daher ihren Preis.
- Zu wichtigen geschäftlichen Anlässen und beim abendlichen Dinner darf sie nicht fehlen. (Als Startup-Unternehmer tragen Sie jedoch zum T-Shirt keine Krawatte.)
- Nach einem Tag voll repräsentativer Aufgaben muss sie auch einen Tag ruhen.
- Wenn Sie eine Krawatte tragen, dann nicht halbherzig, sondern immer richtig gebunden – unabhängig von hohen Temperaturen oder Stress.

Nehmen Sie sich Eduard VIII. als Vorbild

König Eduard VIII. von England verwendete den *einfachen Windsor-Knoten* und machte ihn berühmt. Ich will Ihnen aus den vielen Möglichkeiten, eine Krawatte zu binden, diese ans Herz legen. Es handelt sich um einen eleganten, gut sitzenden Knoten, der sich daher auch großer Beliebtheit erfreut.

Und so geht's:

1  Hängen Sie sich die Krawatte so um den Hals, dass das breite Ende rechts hängt und etwa viermal so lang ist wie das schmale.

2  Legen Sie das breite Ende über das schmale und führen Sie es unter dem schmalen hindurch.

3  Nehmen Sie das breite Ende nach oben und

4  führen Sie es hinter der Schlinge nach unten. Verzurren Sie es jetzt leicht.

5  Dann führen Sie das breite Ende nach links weg und

6  führen es von unten nach oben durch die Schlinge.

7  Führen Sie dann das breite Ende von oben durch die vorne entstandene Schlaufe und ziehen es ganz nach unten.

8  Schließlich ziehen Sie den fertigen Knoten gut fest.

Wenn Sie den Windsor-Knoten wieder lösen wollen, ziehen Sie einfach das schmale Ende aus dem Knoten heraus. Dann öffnet er sich.

Eine Fliege tragen Sie unbedingt …

zum Smoking oder Frack. Im Geschäftsleben ist die Fliege nicht (mehr) üblich. Es sei denn, Sie wollen sich selbst vermarkten und sehen darin Ihr Alleinstellungsmerkmal.

Wen können Sie gut riechen?

Der Ausruf „Den kann ich nicht riechen!" ist natürlich keine Klage über eine verschnupfte Nase, sondern die unverhohlene Mitteilung von Antipathie. Doch ist es möglich, diesen Satz auch umzudrehen?

Versuchen Sie es doch einfach und suchen Sie nach Düften, die Ihnen und Ihren Mitmenschen gefallen. Und das gilt ebenso für Frauen wie für Männer.

- Probieren Sie also mehrere Parfüms aus. (Aber nicht mehr als zwei direkt hintereinander. Sonst macht Ihr Geruchssinn nicht mehr mit und verduftet.)
- Wenn Sie sich für ein Parfüm entschieden haben, so legen Sie sich durchaus noch ein weiteres zu (oder auch zwei). So können Sie, je nach Ihrer persönlichen Stimmung, ein entsprechendes Parfüm wählen.
- Verwenden Sie einen Duft diskret, gerade im Arbeitsalltag. Wählen Sie daher besser ein Eau de Toilette, das leichter ist

als ein Parfüm, bzw. Herren belassen es vielleicht auch beim Rasierwasser. Denn die Sinne sollten durch den Wohlgeruch nicht von den sachlichen Fragen abgelenkt, sondern nur unterschwellig angeregt werden.

Wie riecht Sympathie?

Kennen Sie auch dieses Phänomen, wie Gerüche – von Seife oder bestimmten Speisen – Erinnerungen aus der Kindheit wecken können? Versuchen Sie diese Wirkung auch mit Ihrem Parfüm zu erreichen. Tragen Sie es anfangs nur bei angenehmen Anlässen. Nach einiger Zeit werden Sie – auch wenn die Situation nicht sonderlich angenehm sein sollte – den Duft Ihres Parfüms mit den schönen Momenten assoziieren. Und vielleicht ergeht es Ihren Kollegen ebenso.

Kosmetik – zwischen Medizin und Malerei

Puderquaste und Farbtopf mag es noch beim Film und auf der Bühne geben. Aber im geschäftlichen Leben sind sie out. Viele kosmetische Produkte verändern kaum aktiv Ihre Erscheinung. Sie sind immer häufiger Hilfe zur Selbsthilfe, sie unterstützen und fördern die Schönheit, „die von innen kommt".

Und diese Produkte werden nicht nur für Frauen hergestellt. Die Kosmetikbranche hat den Mann als Zielgruppe entdeckt. Aber das Rouge für die Wangen bleibt – wie Lippenstift, Wimperntusche, Lidschatten, Eyeliner und Nagellack – Frauen vorbehalten.

Verstehen Sie auch Kosmetik als Hilfe zur Selbsthilfe, so lautet der Grundsatz: Zeige mit Kosmetik Dein wahres Gesicht.

- Heben Sie die schönen Eigenschaften Ihres Gesichts, also die, die Ihnen selbst gefallen, mit Makeup hervor.
- Pflegen Sie Ihren Körper mit kosmetischen Produkten, gerade vor und nach beruflich anstrengenden Tagen.

Liften lassen? Schönheit vom Chirurgen

Wichtig ist es, dass Sie zu sich sagen können: So gefalle ich mir. Ein Weg neben vielen anderen, die versprechen dorthin zu führen, ist die Schönheitschirurgie. Sie ist in vielen Bereichen des gesellschaftlichen Lebens gebräuchlich, beginnt bei der dauerhaften Haarentfernung und führt über die Korrekturen von Nase oder Augenlid, Eingriffe nach Schwangerschaften bis zu plastisch-chirurgischen Operationen nach Unfällen. Aber dieser Weg birgt auch Gefahren, wenn Narben entstehen, Haut verpflanzt wird oder z.B. Implantate (z.B. aus Silikon) eingesetzt werden.

Aber wenn Sie zu sich sagen wollen „So gefalle ich mir", dann möchte ich ergänzen und auch Mut machen: Verbergen Sie Ihr Alter nicht, sondern zeigen Sie es – und zwar von der besten Seite. Lassen Sie sich vorher beraten über die medizinischen Probleme, sowie Risiken, notwendige postoperative Behandlung, aber auch über die zwischenmenschlichen Aspekte. Verheimlichen Sie eine bevorstehende Operation nicht, sondern sprechen Sie mit den Ihnen nahestehenden Personen, damit Sie Begleitung haben. Und vielleicht sagen diese auch:

„Für mich brauchst Du dich nicht unters Messer (bzw. den Laser) zu legen. Du gefällst mir, wie Du bist!"

Schmuck – zwischen Perle und Piercing

Wie mit Parfüm und Kosmetik sollten Herren deutlich zurückhaltender mit Schmuck umgehen als Frauen. Denn mehr noch als Kleidung ist der Schmuck ein Zeichen der Identität und der Zugehörigkeit zu einem bestimmten sozialen Milieu. Und da die andere Seite der Zugehörigkeit die Distanzierung ist, sollten Sie im geschäftlichen Leben nur wenig Schmuck tragen: Identifizieren Sie sich über geschäftliche Ziele und nicht über Schmuck. Damen und Herren sollten daher auf das Piercing verzichten, so reizvoll es auch sein mag. (Es sei denn, Sie arbeiten als Türsteher einer Techno-Diskothek. Dann ist es Teil der Berufskleidung.)

Wie sich Männer schmücken

Viel sollte es nicht sein, womit sich ein Mann schmückt:

- Ein, höchstens zwei Ringe (dann aber auf beide Hände verteilt),
- eventuell noch Schmuck für das Handgelenk, wie zum Beispiel ein Armband oder auch ein Armreif (in der breiteren Variante).

Viel sollte es nicht sein – wenn da nicht noch andere Accessoires wären, die einem zunächst nicht einfallen: Neben der Krawatte

- das Einstecktuch für das Jackett,
- die Manschettenknöpfe,
- die Armbanduhr, schlicht und seriös.

Ohrringe sollten Männer im geschäftlichen Leben nicht tragen, da sie eher unseriös wirken.

Was Frauen schmückt ...

ist gar nicht alles zu benennen: Unerschöpflich scheint die Vielfalt des Schmucks wie auch der Ideenreichtum der Frauen, sich zu schmücken. Aber für das Geschäftsleben gilt:

> Schmuck soll nicht von den Fragen des geschäftlichen Lebens ablenken.

Vornehm zu Fuß und taktvoll im Taxi

Viele haben es häufig eilig. Doch ist Eile nicht immer das beste Mittel, um ans Ziel zu gelangen. Gerade im Gedränge der Großstädte – und nicht nur zur Rushhour – kann Sie Rücksicht schneller ans Ziel bringen. (Oder Sie stellen fest, dass Ihr Ziel das falsche Ziel war. Schade, wenn Sie sich dann abgekämpft haben, um dorthin zu kommen.)

Wer geht wo?

- Der Herr bzw. der Gastgeber geht traditionell links von der Dame (ebenso geht die Dame links, wenn Sie die Gastgeberin ist).

- Kommen Ihnen Menschen entgegen, so gehen Sie jeweils rechts an ihnen vorbei. (In Ländern mit Linksverkehr gehen Sie entsprechend links an ihnen vorbei).
- Gehen Sie vor, wenn Sie als Gastgeber (bzw. als Gastgeberin) ein Restaurant betreten. (Hier ist die Umgangsform noch aus den Zeiten geprägt, in denen es nur ganz wenige Restaurants gab, aber vor allem Spelunken. Dort aber ging es nicht nur hoch her, sondern auch manchem an den Kragen.) Abstrakt formuliert: Wo Gefahr lauert, da geht der Gastgeber voran. (Bei Hotelhallen lässt der Gastgeber hingegen dem Gast den Vortritt, denn Hotelhallen sind völlig ungefährlich.)
- Wird es eng (im Flur oder auf einer Treppe), so geht in der Regel der Gast vor. Es sei denn, Sie haben als Gastgeber den Eindruck, dass eine unangenehme Begegnung bevorsteht. Dann teilen Sie dem Gast mit, dass Sie ausnahmsweise gedenken vorzugehen: „Entschuldigen Sie bitte, dürfte ich vorangehen?"
- Sind Sie der Gast und wollen lieber nicht vorangehen, so bitten Sie den Gastgeber, das zu tun.

Haben Sie einen sitzen?

Es ist voll in der Straßenbahn und Sie wollen höflich sein. Schließlich ist der Herr, der neben Ihnen steht, sicher über 70: „Wollen Sie sich setzen?", fragen Sie. Und weil der Herr offensichtlich auch schon nicht mehr so gut hört, wiederholen Sie noch einmal – diesmal etwas lauter: „Wollen-Sie-sich-setzen?"

Sie mögen es zwar in Ihrer Jugend so beigebracht bekommen haben, aber tun Sie das nie. Der andere wird in Ihrer höflich gemeinten Frage nur die Aussage „Sie gehören zum alten Eisen" hören. Stehen Sie lieber gleich auf und sagen Sie „Bitte" oder deuten Sie eventuell mit einer freundlichen Geste auf den freien Platz. Reagiert Ihr Mitmensch nicht, können Sie sich wieder setzen. Werden Sie hingegen *gebeten*, ob Sie Ihren Platz frei machen könnten, dann tun Sie es, auch wenn es ein 15-jähriger Spund ist – er wird schon seinen Grund haben.

Wie gehen Sie durch Türen?

In der Regel lassen Sie beim Betreten eines geschlossenen Raums Ihrem Gast den Vortritt. Diese Regel gilt nicht nur in Gebäuden, sondern auch, wenn Sie z. B. in einen Zug einsteigen.

Aber wie jede Regel, so hat auch diese ihre Ausnahme: Führen Sie Ihren Gast in ein Restaurant oder eine Bar, so handelt es sich dabei zwar um geschlossene Räume, dennoch gehen Sie als Gastgeber voran. Denn wer das Restaurant (oder die Bar) als Erster betritt, ist derjenige, der zahlt. (Aber keine Ausnahme ohne Ausnahme: In die Hotelhalle geht zuerst der Gast – auch wenn Sie nachher bezahlen.)

Wie geht's weiter im Restaurant?

Der Gastgeber betritt zuerst das Restaurant. Falls es jedoch einen Vorraum gibt, so hält er lediglich die Tür auf und lässt seine Gäste zuerst eintreten. Dort warten die Gäste, damit der

Gastgeber an ihnen vorbeigehen und das Restaurant zuerst betreten kann.

Innerhalb des Restaurants geht der Oberkellner vorneweg, gefolgt von der Dame und am Ende geht der Herr. Führt kein Oberkellner zu Tisch, dann geht der Herr vor, die Dame folgt.

Besuchen zwei oder mehrere Gleichberechtigte ein Restaurant, übernimmt eine der Personen die Rolle des Gastgebers. Das gilt für die Reihenfolge, in der Sie zum Tisch gehen, wie auch für Bestellung und Bezahlung.

> Sind Sie der Gastgeber? Dann stellen Sie sich links neben Ihren Gast und warten. Geschultes Servicepersonal wird Sie dann als Gastgeber identifizieren.

Bei Fahrstühlen ist alles anders

Wie bei geschlossenen Räumen betritt der Gast zuerst die Aufzugskabine. Allerdings verlässt der Gastgeber die Aufzugskabine auch zuerst – er müsste, um dem Gast den Vortritt zu lassen, den Gast erst dazu bringen, sich an ihm vorbeizuquetschen. Das muss nicht sein.

Beim Betreten des Aufzugs grüßen Sie die Menschen, die sich bereits im Lift befinden. Und auch beim Verlassen des Aufzugs ist ein kurzer Gruß nicht verkehrt.

Ansonsten gilt für Aufzüge:

- Rauchen ist tabu!
- Sonnenbrille abnehmen!
- Handy stecken lassen!

- Beim Aussteigen verabschieden!
- Kein Picknick im Aufzug!

Machen Sie in Taxen keine Faxen

Wenn Sie zu zweit unterwegs sind, öffnen Sie als Gastgeber dem Gast (und der Herr der Dame) die Tür hinten rechts, lassen den Gast einsteigen – und schließen dann die Tür. Oder? In den meisten Fällen wird es so sein, wenn nicht der Gast (oder die Dame) mühselig auf der Rückbank nach links rutscht. Falls er (oder sie) das aber tut, steigen Sie nach ihm (bzw. ihr) ein. Ansonsten gehen Sie um den Wagen herum und steigen hinter dem Fahrer ein. Beim Aussteigen läuft fast alles wie im Film – nur rückwärts.

> Der Platz hinten links ist besser für den Gastgeber (bzw. den Herrn), da er von dort dem Fahrer leichter Anweisungen geben und auch optimal bezahlen kann.

Achten Sie nicht nur, wenn Sie der Fahrer sind, darauf, dass der Gast (bzw. die Dame) beim Aussteigen festen und vor allem trockenen Boden unter den Füßen hat und genug Platz zum Ein- bzw. Aussteigen.

Der Pkw eines anderen ist für den Beifahrer fremdes Terrain. In diesem verhalten Sie sich so zurückhaltend, wie Sie sich als Gast verhalten sollten. Deshalb ziemt es sich nicht

- zu essen und zu trinken,
- Abfälle zu deponieren oder Kaugummipapiere zu entsorgen,

- sich zu kämmen oder zu schminken,
- zu rauchen.

Und das zuletzt Genannte gilt auch, wenn der Fahrer zwar selbst Raucher ist, – aber seinen Wagen zur rauchfreien Zone erklärt hat.

Sollten Sie sich ein Auto leihen, gelten die gleichen Regeln. Außerdem: Geben Sie es mindestens so sauber und intakt zurück, wie Sie es erhalten haben, und zwar aufgetankt.

Machen Sie sich rechtzeitig auf den Weg

Pünktlichkeit ist die Höflichkeit der Könige, heißt es. Machen Sie sich diese Höflichkeit zur Zier, dann werden Sie als zuverlässiger Mensch eingeschätzt.

- Es ist einfach unhöflich, jemanden warten zu lassen. Erscheinen Sie also immer pünktlich zur verabredeten Zeit.
- Das akademische Viertel muss niemand mehr einhalten. Allerhöchstens fünf bis zehn Minuten Verspätung können entschuldigt werden.
- Vor dem angegebenen Zeitpunkt zu erscheinen, geziemt sich (selbst im privaten Leben) nicht. Vertreten Sie sich lieber noch etwas die Füße.

Überlegen Sie, wenn Sie einen geschäftlichen Termin haben oder einer Einladung folgen, wie lange Sie unterwegs sein werden und bereiten Sie sich – etwa mit einem Strecken- und Fahrplan – auf die Anreise entsprechend vor. Bei einem Vorstellungsgespräch, aber auch bei anderen wichtigen Geschäftsterminen sollten Sie vermeiden, abgehetzt anzukommen – das macht keinen professionellen Eindruck. Vermeiden Sie, dass Sie (zur U-Bahn, zum Flieger) rennen müssen und so ins Schwitzen kommen. Geben Sie sich gerade vor nervenaufreibenden Terminen vorher noch etwas Zeit, Ihre Gedanken zu sammeln (so könnten Sie etwa fünf Minuten vor dem Termin noch einmal – gemächlich – um den Block schlendern).

Planen Sie nicht auf den letzten Drücker und planen Sie auch Alternativen für die Anreise ein.

Was tun, wenn Sie sich verspäten?

Es geht keinen Meter vorwärts. Und das seit bald einer halben Stunde. Sie wollten jetzt eigentlich in einer Parklücke stehen und nicht im Stau. Was macht das für einen Eindruck, wenn Sie zum Verkaufsgespräch zu spät kommen. Sie hören schon den Satz: „Können Sie denn auch pünktlich liefern?" Was tun Sie?

Wenn Sie absehen können, dass Sie zu spät kommen: Rufen Sie bei Ihren Geschäftspartnern an und teilen Sie es mit. Niemand wird Ihnen verübeln, wenn Sie in einem nicht vorhersehbaren Stau feststecken oder Ihr Zug große Verspätung hat. Wenn Sie dann ankommen, entschuldigen Sie sich für die Verspätung, aber machen Sie es kurz.

In einigen afrikanischen und südamerikanischen Ländern ist es übrigens nicht nur üblich, sondern auch richtig erst eine volle Stunde oder noch später nach dem verabredeten Zeitpunkt zu erscheinen. Erkundigen Sie sich also bei Auslandsaufenthalten nach den jeweiligen Gepflogenheiten (privat wie geschäftlich)!

Zufrieden aufbrechen

Wenn Sie selbst der Gastgeber sind und nach auswärts eingeladen haben, dann bedenken Sie die folgenden Punkte, bevor Sie sich auf den Weg machen:

- Fragen Sie Ihre Gäste, ob alle schon wissen, wie Sie nach Hause (oder ins Hotel) kommen.
- Falls ein Taxi benötigt wird, bitten Sie das Servicepersonal eines zu bestellen. (Sie können am Tisch warten bis Ihnen der Ober mitteilt, dass das Taxi jetzt bereitsteht.)
- Oder Sie bieten an, Ihre Gäste nach Hause zu fahren.
- Drängen Sie aber nicht andere Gäste dazu, die nicht motorisierten Gäste zu kutschieren. Sie haben sie ja schließlich nicht eingeladen, um Ihre Gäste zu Fahrern zu machen.

Nachdem diese Fragen geklärt sind, erheben Sie sich und helfen Sie Ihrem Tischpartner beim Aufstehen. Auch die anderen Gäste erheben sich und sind ihren Tischpartnern behilflich.

Der Gastgeber geht zum Ausgang vor, hält die Tür zum Foyer auf und nimmt den Mantel seiner Tischdame und seinen eigenen in Empfang.

Schließlich verabschieden sich alle voneinander und der Gastgeber bedankt sich nochmals bei seinen Gästen für ihr Kommen.

Auf Einladungen und als Gastgeber glänzen

Wer Freude genießen will, muss sie teilen.
Das Glück wurde als Zwilling geboren.

Lord Byron

Eine Feier, egal ob im beruflichen oder privaten Umfeld, sorgt schon im Vorfeld für eine gewisse Anspannung und Nervosität. Bei aller Euphorie sollten Sie aber mit kühlem Verstand planen und Fehler vermeiden – als Veranstalter wie auch als Gast.

In diesem Kapitel erfahren Sie

- wie Sie Einladungen korrekt gestalten,
- wie Sie den geeigneten Veranstaltungsort auswählen,
- welche Regeln für die Sitzordnung gelten,
- welche Getränke Sie servieren können und
- wie Sie den Tisch decken.

Wie laden Sie stilvoll und ansprechend ein?

Eine Einladung ist nicht nur einfach eine Einladung. Es bieten sich verschiedene Formen, je nach Anlass und den Personen, die Sie einladen wollen, an. Aber klar ist, dass jede Einladung diese Daten enthält:

- Datum
- Uhrzeit
- Ort
- Anlass

Die Einladung zu einer großen Feier sollten Sie mindestens einen Monat zuvor absenden. Die Einladung zu einem kleinen Treffen im privaten Rahmen kann auch deutlich kurzfristiger ergehen.

Bevor Sie einladen, überlegen Sie, welche Form Sie für die Einladung wählen: schriftlich oder mündlich. Machen Sie es abhängig von den Personen, die Sie einladen, vom Anlass und der Atmosphäre des Ortes.

Die stilvolle schriftliche Einladung

Für eine offizielle Feier ist eine schriftliche Einladung ein Muss. Es kann sich dabei um einen Brief oder auch eine Karte handeln. Wie der Brief steckt übrigens auch die Karte in einem Umschlag.

Von Hand geschrieben ...

Die handschriftliche Einladung steht immer noch an erster Stelle, wenn das auch mehr Aufwand bedeutet. Machen Sie sich aber nur diese Mühe, wenn Sie über eine gepflegte und leserliche Handschrift verfügen. Schreibfehler sollten Sie tunlichst vermeiden – denn eine nachträgliche Korrektur ist nicht zulässig.

... oder am Computer erstellt

Sie können die Einladung auch am Computer anfertigen – beachten Sie dann aber, dass Sie sich nicht im Dickicht der Typografien, Schriftgrößen und Symbolgalerien Ihrer Software verlieren. Eine „gewichtige" Einladung (Geschäftseinweihung oder Hochzeit) geben Sie besser bei einer Druckerei oder einem Grafiker in Auftrag. Ihre Unterschrift setzen Sie aber handschriftlich unter die Einladung. Verwenden Sie dazu einen Füllfederhalter!

In klarer Sprache

Verfassen Sie die Einladung in einer feierlichen und zugleich einfachen Sprache, sodass der Eingeladene alle wichtigen Informationen schnell entnehmen kann. Neben den oben genannten sind dies der Gastgeber und eventuell ein Hinweis auf die Kleidung (siehe den Abschnitt „Gut gekleidet").

Ist die schriftliche Einladung bei einer hoch offiziellen Feier, wie etwa beim Abschied eines Geschäftsführers, selbstverständlich, so gibt sie dem zwanglosen Geburtstagsumtrunk im

Büro, der abendlichen Einladung zum Aperitif oder einem behaglichen Barbecue eine höhere Bedeutung.

> Bei einer großen Betriebsfeier ergänzen Plakate, die auf die Feier hinweisen, sinnvoll das Einladungsschreiben.

Einladungen per E-Mail sind zwar verbreitet, wirken aber doch recht zwanglos. Hier sollten Sie abhängig vom Kreis der Eingeladenen gut überlegen, ob diese Einladung auch „ankommt" – in jedem Sinne des Wortes. Und vergessen Sie nicht die wichtigen Informationen und die Bitte um eine Rückmeldung.

Beispiel: Einladung zum Ausstand

Lieber Herr R!

Der Schreibtisch ist ausgeräumt, die Schlüssel sind zurückgegeben (und die privaten E-Mails gelöscht).

Es war eine lange Zeit und es war eine schöne Zeit. Und auf das, was Sie und ich zusammen geschafft haben und auch auf das, was in den nächsten Jahren geschehen wird, möchte ich mit Ihnen anstoßen.

Und zwar da, wo wir schon häufig gefeiert haben, nämlich bei Enzo. Kommen Sie am Freitag, den 20. 9., um 19.00 Uhr in die Fasaneriestraße 22. Und kommen Sie fröhlich und leicht gekleidet. Es gibt Bier und Weißwein zu trinken, Pizza zu essen und später auch Musik zum Tanzen.

Ich freue mich auf Sie und Ihre Begleitung!

Ihre Maria G. U. A. w. g

Der Koffer ist bald gepackt, der Flug gebucht und die Sonne wird scheinen (zumindest im Süden).

Mündlich ansprechend einladen

Wenn Sie mündlich einladen, so können Sie dies von Angesicht zu Angesicht tun (im Büro oder Sie gehen persönlich bei den Betreffenden vorbei) oder telefonisch. Falls Sie bei einer telefonischen Einladung niemanden erreichen, sprechen Sie Ihre Einladung auf den Anrufbeantworter oder die Mailbox. Aber rufen Sie diese Person auf jeden Fall noch einmal an.

> Laden Sie aber nur dann mündlich ein, wenn die Eingeladenen den Ort der Veranstaltung schon kennen und daher keine Sorge besteht, dass sie die Adresse vergessen könnten.

Einladungen beantworten

Es sieht keinesfalls schön aus, ist aber auf fast jeder schriftlichen Einladung zu finden: „U. A. w. g." – Um Antwort wird gebeten. Häufig nennen die Einladenden einen Termin, bis zu dem Sie Ihre Zu- oder Absage mitgeteilt haben sollten. Verpassen Sie diesen Termin auf keinen Fall. Aber besser noch: Antworten Sie umgehend – auch wenn auf der Einladung kein Termin genannt ist.

Bei einer schriftlichen Einladung antworten Sie auch schriftlich. Aber nicht in Form einer Short Message per Handy. Bedanken Sie sich für die Einladung und teilen Sie mit, dass Sie sich und Ihre Begleitung (falls Sie nicht alleine gehen) auf das Fest sehr freuen.

Bei einer mündlichen Einladung teilen Sie direkt mit, ob Sie die Einladung annehmen oder ablehnen – spätestens jedoch am Tag darauf.

Legen Sie eine Gästeliste an

Größere Feiern bestehen meist aus mehreren Abschnitten, zu denen Sie unterschiedlich einladen. Das gilt ebenso für eine Hochzeit wie für eine Produktpräsentation: Legen Sie sich eine Gästeliste mit verschiedenen Feldern an, um zu notieren, wen Sie zu welchem Teil der Feier einladen.

	Sektempfang	Präsentation	Abendessen
Prokuktmanager		X	
Geschäftsführer	X	X	X
Kunde X	X	X	X
Journalist Y	X	X	
Mitbewerber Z		X	
...			

„Du wolltest doch Frau Schnell-Pickert einladen"

Es ist schon sehr, sehr unangenehm. Sie haben vergessen die Witwe Ihres ehemaligen Chefs einzuladen, die doch auch sonst immer bei den Betriebsfeiern eingeladen war. Und sie weiß natürlich von der Feier – und daher auch, dass sie bisher zu der Feier keine Einladung erhalten hat und es nun zu spät ist. Sie wird sich sicher ihre Gedanken machen. Sehr unangenehm. Was tun Sie?

Nehmen Sie nicht an, dass Ihnen verziehen wird. Aber bitten Sie um Entschuldigung und fragen Sie: „Nehmen Sie eine verspätet überreichte Einladung noch an?" Wenn Sie es nicht tut, tut sie es ganz zu Recht. Vergessen Sie aber bloß nicht, sie im nächsten Jahr einzuladen, und zwar besonders herzlich!

Wählen Sie den passenden Ort für Ihre Feier

Der Ort, an den Sie Ihre Gäste einladen, will wohl gewählt sein. Vier Möglichkeiten bieten sich für eine Feier an:

- in der Firma,
- zu Hause,
- in einem Restaurant oder Festsaal oder
- in einer besonderen Location (mit Partyservice).

Entscheidende Kriterien und praktische Fragen

Gehen Sie die unten aufgeführten Fragen durch. Dort sind praktische Fragen aufgelistet, die es bei der Wahl des Ortes zu bedenken gilt. Aber vor allem sollten Sie daran denken,

- dass sich Ihre Gäste dort wohl fühlen und
- dass die Atmosphäre dem Anlass gerecht wird.

Ein klares Ausschlusskriterium ist die Anzahl der Personen, die Sie einladen. Bietet der Ort genügend Raum? Der Raum sollte weder zu klein sein noch zu groß. In einem zu großen Raum verlieren sich die Gäste leicht und sie kommen nur schwer miteinander ins Gespräch, wenn sich viele noch nicht kennen.

Checkliste: Wo ist am besten Feiern?

	Firma	zu Hause	Restaurant	Location
Gibt es einen festlichen/angemessenen Raum				
Stühle und Tische ausreichend vorhanden?				
Geschirr und Besteck ausreichend vorhanden?				
Auch Besteck für besondere Speisen?				
Wird der Raum dekoriert?				
Ist Platz für eine Bühne/Rednerpult/Vorstellung?				
Ist Platz für ein Buffet?				
Sind genügend Getränke vorhanden?				
Gibt es eine Garderobe?				
Ist der Ort gut erreichbar?				
Fahren U-Bahn/Tram/Bus auch noch nach der Feier?				
Gibt es Übernachtungsmöglichkeiten?				
Habe ich als Gastgeber Zeit für die Gäste?				
Wer übernimmt den Service?				
Wer macht die Vorbereitungen?				
Wer räumt anschließend auf?				
Wie hoch sind die Kosten?				
Ist ein Partyservice sinnvoll?				

Feiern in einer extravaganten Location

Eine solche Location kann der Geheimtipp sein, wie z.B. die Bar im Hinterhof, die Sie für einen Abend mieten, ein stillgelegter U-Bahnhof oder ein ehemaliges Fabrikgebäude ... Ihrer Entdeckerfreude sind keine Grenzen gesetzt.

Eine solche Feier ist nicht nur eine Feier, sondern zugleich ein Marketing-Event. Sie präsentieren Ihre Firma in einem besonderen Licht, und zwar nicht nur Ihren besten Kunden, sondern auch Ihren Mitarbeitern.

Das bedeutet aber auch einen großen organisatorischen und logistischen Aufwand. In den größeren Städten finden Sie Agenturen, die solche Events ausrichten, und Party- oder Cateringservices, die Ihnen nach Ihren Wünschen Speisen und Getränke sowie benötigtes Geschirr zu dem von Ihnen gewünschten Zeitpunkt an (fast) jeden Ort liefern. (Suchen Sie einfach im Internet unter „Partyservice", „Event" oder „Location".)

Zahlen auch die Gäste?

Wenn Sie zu Hause feiern, werden Sie das Problem nicht haben: Es gibt zu essen und zu trinken, was Sie für den Abend eingekauft haben. Was aber machen Sie in einem Restaurant, das neben dem Merlot, den Sie für das Menü ausgewählt haben, auch einen Château Montrose von 1986 anbietet? Und wenn ein guter Freund – in geistreicher Stimmung – den Ober bittet, eine der verbliebenen Flaschen zu kredenzen?

Der unangenehmen Situation, später eine Rechnung präsentiert zu bekommen, die Ihnen die Knie weichen werden lässt, sollten Sie vorbeugen.

- Notieren Sie in der Einladung, zu welchen Speisen und Getränken Sie Ihre Gäste einladen.
- Führen Sie auf der Menükarte neben den Speisen auch die Getränke auf, die serviert werden.

Vor allem sollten Sie aber das Personal und die Serviceleitung informieren, was Sie später zu bezahlen gedenken, damit das Personal den Gast schon bei der Bestellung darauf hinweisen kann, für welches Getränk oder welche Speise er selbst aufkommen sollte. Hier drei Varianten, wie Sie die Frage klar regeln können:

- Zeitlich: Um 24.00 Uhr soll die Feier beendet sein und bis dahin geht alles auf Ihre Rechnung. Die Gäste, die noch länger verweilen wollen, tragen die weiteren Kosten selbst.
- Räumlich: Sie bezahlen die Speisen und Getränke, die im Festraum gereicht werden.
- Nach der Art des Verzehrs: Sie bezahlen die Speisen. Die Getränke – außer alkoholfreie Getränke, Bier und offene Weine – zahlen Ihre Gäste selbst.

> Haben Sie als Gast Zweifel, gehen Sie davon aus, dass Sie selbst zahlen.

Tabakwaren

Als Gast sollten Sie Zigarren, Zigarillos und Zigaretten selbst bezahlen. Es sei denn, der Gastgeber weist ausdrücklich darauf hin, dass auch dieser Genuss auf seine Rechnung geht. Werden zum Kaffee Tabakwaren angeboten, können Sie davon ausgehen, dass Ihr Gastgeber zahlt.

Uneingeladene hinauskomplimentieren

Sie haben sich schon die ganze Zeit gewundert, wer wohl dieser Mann mit den kurzen Haaren ist, der sich sicher zum dritten Mal am Buffet bedient. (Hätte ja der Ehemann von Frau G. sein können, die noch erwartet wird.) Aber auch Ihr Teilhaber kann ihn nicht zuordnen. Ist der Kurzhaarschnitt vielleicht gar nicht eingeladen? Was sollen Sie tun?

Bevor Sie versehentlich einen Ihnen unbekannten, aber geladenen Gast hinauskomplimentieren, gehen Sie auf ihn zu. Fragen Sie nicht lange herum, ob ihn jemand kennt – fragen Sie ihn, ob Sie ihn nicht kennen müssten. Und nicht jeder Uneingeladene muss entfernt werden. Vielleicht ist er es ja, der sich später zur Stimmungskanone entwickelt.

Wer soll wo an der Tafel sitzen?

Sobald Sie von den Eingeladenen eine Antwort erhalten haben und wissen, wer kommen wird, beginnen Sie die Sitzordnung festzulegen.

Bei einer kleineren Feier von bis zu zehn Personen bitten Sie Ihre Gäste direkt am Tisch die ihnen zugedachten Plätze einzunehmen. Bei einer größeren Gesellschaft sollten Sie Tischkärtchen schreiben und eventuell einen Tisch- und Tafelplan anfertigen (lassen) mit den Namen Ihrer Gäste. Den Plan stellen Sie vor dem Eingang zu dem Raum auf, in dem Sie speisen werden.

> Beschriften Sie Tischkärtchen auf beiden Seiten. So können sich Ihre Gäste auch bei einer kleinen Feier vergewissern, mit wem sie am Tisch sitzen und ihre Tischnachbarn mit Namen ansprechen, falls sie einander nicht vorgestellt wurden.

Regeln für die Sitzordnung

- Den Ehrengästen weisen Sie die Ehrenplätze zu. Das sind bei einer u-förmigen Tafel die Plätze in der unteren Mitte. Bei einer langen Tafel die Plätze rechts und links in der Mitte. Bei mehreren runden Tischen die Plätze am zentralen Tisch, von denen Ihre Ehrengäste den besten Blick haben.
- Damen und Herren platzieren Sie abwechselnd (wenn möglich) in „bunter Reihe". Bedenken Sie dabei, ob Sie Lebenspartner getrennt oder zusammen platzieren wollen.
- Bei größerer Gästezahl und bei mehreren runden Tischen werden hochrangige Firmenmitarbeiter an verschiedene Tische gesetzt. Damit bekunden Sie den anderen Gästen Ihre Wertschätzung.
- Achten Sie darauf, dass Sie als Gastgeber so sitzen, dass Sie sowohl den ganzen Raum übersehen und den Eingang

im Blick haben, aber auch schnell den Raum verlassen können.

Wenn Sie diese Regeln berücksichtigt haben, gehen Sie Ihren Plan nochmals durch und setzen die Personen nebeneinander, von denen Sie denken,

- dass sie einander gut unterhalten werden,
- ähnliche Interessen haben und
- sich sprachlich verständigen können.

Paarweise oder getrennt bei großen Feiern?

Falls Sie zu zweit eine Feier ausrichten, sollten Sie sich nicht nebeneinander setzen, sondern getrennt, um sich ganz Ihren Gästen, die Sie eingeladen haben, widmen zu können. Es sei denn, Sie feiern Ihre Hochzeit.

Bei mittleren bis kleineren Veranstaltungen kann es der Atmosphäre eine besondere Note geben, wenn Sie Paare nicht nebeneinander setzen. Aber ältere Gäste sollten Sie – auch bei kleineren Veranstaltungen – paarweise platzieren.

Was tut die Tischdame, was der Tischherr?

Die Dame rechts neben dem Herrn ist eine besondere Dame für ihn: Sie ist seine Tischdame – und er ist ihr Tischherr. Als Tischherr gehört Ihrer Tischdame Ihre ungeteilte Aufmerksamkeit. Sie sind Ihr beim Hinsetzen und beim Aufstehen behilflich, achten darauf, dass die Gläser gefüllt sind und auch der Teller. Sie übernehmen gewissermaßen die Gastgeberrolle nur für sie. Und wird nach Tisch zum Tanz aufgespielt – dann sollten Sie sich nicht lumpen lassen.

Für die Tischdame ist das nicht anders: Sie bildet die passive Seite und empfängt die Aufmerksamkeit ihres Tischherrn und kann sie (hoffentlich) auch genießen. Kann sie das jedoch nicht, so sollte sie es erdulden. Ist aber die Geduld aufgebraucht, dann wird es ihr niemand verübeln, wenn Sie den aktiven Part übernimmt, die Themen bestimmt und auch beim Tanz führt. Ein miserabler Tischherr sollte zumindest damit umgehen können.

Strategisch gute Sitzpositionen bei Verhandlungen

Bei Verhandlungen – wenn Sie die Möglichkeit haben, Ihren Platz selbst zu wählen – wählen Sie einen strategisch günstigen Platz:

- Sie sollten möglichst alle Beteiligten im Blick haben.
- Setzen Sie sich mit dem Rücken zum Tageslicht, damit Sie nicht geblendet werden und
- Sie die Mimik Ihres Gesprächspartners besser beobachten können.

Wohin mit Schirm, Schal und Melone?

Hängen Sie Ihren Mantel besser nicht über die Stuhllehne. Es bietet sich zwar hin und wieder an, wirkt aber doch sehr familiär. Fragen Sie, wenn Ihnen nicht aus dem Mantel geholfen wurde, selbst nach der Garderobe. Und ein Geschenk legen Sie nicht auf den erstbesten Tisch. Fragen Sie auf jeden Fall nach einem Geschenketisch, falls Ihnen niemand weiterhilft.

Wer hilft wem aus dem Mantel?

Hier sind die Umgangsformen heute deutlich von der Emanzipation der Frauen geprägt: Jeder kann jedem aus dem Mantel helfen. Nicht nur der Herr der Dame, sondern auch die Dame dem Herrn.

Aber als Gastgeber steht es zunächst Ihnen zu, Ihren Gästen bei der Ankunft und dem Ablegen der Garderobe behilflich zu sein.

Wenn Sie viele Gäste erwarten, sollten Sie aber davon Abstand nehmen, jedem Gast selbst aus dem Mantel zu helfen. Bitten Sie jemanden, Ihren Gästen behilflich zu sein. So sind Sie frei und können sich Ihren anderen gastgeberischen Pflichten widmen.

Ältere Damen tragen hin und wieder Handschuhe, die sie nicht ablegen werden. Dazu die Bemerkung: Ältere Damen trugen in früheren Zeiten Handschuhe, damit man die vom Alter gezeichneten Hände nicht sehen konnte. In „edlen“

Kreisen taten dies auch die Herren. Alle anderen Handschuhe, Wetter- oder Winterhandschuhe, werden mit der Garderobe abgegeben.

Findet die Einladung in einem Restaurant mit eingerichteter Garderobe statt, geben die Gäste dort ihre Garderobe selbst ab, bevor sie zu den Gastgebern gehen.

Wenn Sie die Garderobe abgelegt haben, ist es ein guter Zeitpunkt, die Toilette aufzusuchen und sich etwas frisch zu machen.

Es ist heiß – ausziehen oder nicht?

Und jetzt auch noch Damenwahl! Es ist ja nicht so, dass Sie ein Tanzmuffel sind, aber es ist einfach zu heiß und in Strömen läuft schon der ... – können Sie es wagen? Dürfen Sie Ihr Jackett ablegen?

Die Antwort ist: Nein! Es ist nur dann gestattet, das Jackett abzulegen, wenn der Gastgeber schon zu Beginn einer Feier die Gäste aufgrund der tropischen Temperaturen hemdsärmelig empfangen hat (bzw. der Abteilungsleiter zu Beginn eines Meetings die Teilnehmer). Ansonsten heißt es, durchhalten oder frische Luft schnappen. Denn das Jackett gehört nicht wie der Mantel zur Wetterschutz-Garderobe. Daher wird es auch nicht abgelegt.

Wann überreichen Sie Ihr Geschenk?

Sie überreichen Ihr Geschenk nach der Begrüßung dem Gastgeber. Aber erwarten Sie nicht – außer bei einer kleinen Feier –, dass Ihr Gastgeber das Geschenk auch gleich auspackt.

Jetzt ist es seine Aufgabe, für seine Gäste da zu sein. Daher sollten Sie, wenn Sie zu einer großen Feier eingeladen sind, Ihrem Geschenk eine Karte mit Grüßen und Ihrem Namen beigelegt haben.

Als Gastgeber nehmen Sie das Geschenk entgegen, bedanken sich und legen es dann auf den Geschenketisch, bzw. reichen es weiter, damit es dorthin gelegt wird.

> Einen Geschenketisch sollten Sie schon vorbereitet haben. Wählen Sie keinen zu großen Tisch, Sie könnten Ihre Gäste beschämen, wenn er nicht voll wird. Sorgen Sie lieber dafür, dass ein zweiter schnell hinzugestellt werden kann, bevor sich der erste unter der Last biegt.

Lassen Sie Blumen sprechen

Eine Flasche Wein für den Herrn, Blumen für die Dame? Das ist passé! Sie können heute auch dem Herrn Blumen schenken. Es muss ja keine einzelne rote Rose sein. Wichtig ist aber, dass Sie den Blumenstrauß auspacken, bevor Sie ihn überreichen.

Als Gastgeber stellen Sie mit Wasser gefüllte Gefäße bereit, damit Sie Blumen gleich ins Wasser stellen können und nicht erst nach einer Vase suchen müssen.

Von Sherrygläsern und Sektkübeln

Wenn wir hier von Höflichkeit sprechen, meinen wir meist: Wie gehen Menschen miteinander um, ganz direkt. Hier kommt die andere Seite, die indirekte oder organisatorische Seite zum Tragen: Wie können wir alles derart vorbereiten, dass sich unsere Gäste wohl fühlen?

Für eine Feier ist es – gewissermaßen unter dramaturgischen Gesichtspunkten – angemessen, zwei Räume zu haben,

- einen für die Ankunft und
- einen für die eigentliche Feier.

Im ersten Raum werden Sie Ihre Gäste empfangen, einen Aperitif reichen und etwas zum Knabbern. Im zweiten Raum gilt es, den Tisch zu decken und zu schmücken und eventuell weitere Gerätschaften bereit zu halten.

Wo Sie Ihre Gäste empfangen

Nehmen wir an, Sie möchten in Ihren Räumen ein Aperitifbuffet aufbauen (lassen). Dazu brauchen Sie

- einen Tisch,
- ein Tischtuch für den Tisch,
- Tischdekoration wie zum Beispiel Blumen, Blütenblätter (im Herbst buntes Laub) oder andere zum Anlass (oder dem Motto) passende Dinge.
- Einige andere kleine Tische, auf die Ihre Gäste die Gläser zwischendurch abstellen können. (Gläser, die auf dem Buffet stehen, werden abgeräumt.)
- Kerzen und
- Musik.

Sie können den Tisch auch mit einem Tafeltuch bespannen und ein weiteres Tuch mit Nadeln so befestigen, dass es kunstvolle Falten wirft. Das wird „Skirting" genannt. Achten

Sie dann besonders auf die Seite des Tisches, die den eintretenden Gästen zugewandt ist.

Welche Getränke sollten auf ein Aperitifbuffet?

Es ist nie schlecht, eine Auswahl an Getränken anbieten zu können. Sie können aber auch schlicht und elegant nur Kir zum Aperitif servieren (bzw. bereitstellen) – also kühlen Weißwein und schwarzen Johannisbeerlikör. Fragt ein Gast nach Wasser oder Bier (eventuell auch nach alkoholfreiem), sollten Sie dieses zur Hand haben.

Ansonsten gehört z. B. auf das Buffet:

- ein trockener Sherry,
- Champagner oder Sekt,
- Saft, am besten frisch gepresst in einer Karaffe bereitgestellt,
- Bitter, wie z. B. Campari (dann brauchen Sie auch Wasser oder O-Saft und auf jeden Fall Eis),
- eventuell Cocktails.

Welche Gläser nehmen Sie dazu?

Je nachdem, was Sie zum Aperitif anbieten, stellen Sie die zu den Getränken passenden Gläser bereit:

- Sherrygläser
- Sektgläser oder Sektkelche

- Champagnerschalen
- Longdrinkgläser

Gibt es zum Aperitif was zum Knabbern?

Es ist nicht selbstverständlich, etwas zum Knabbern zu reichen – aber angenehm ist es doch. Und auch der, der vom Aperitif nicht lassen kann, wird froh sein, den Alkohol z.B. mit salzigem Gebäck etwas kompensieren zu können. Stellen Sie Schälchen mit Erdnüssen auf oder in Würfel geschnittenen Feta und Oliven auf kleinen Tellern. (Die Oliven sollten ohne Kern sein – sonst haben Ihre Gäste das übliche Entsorgungsproblem.) Und stellen Sie noch Zahnstocher dazu, um die Oliven zu nehmen, und Salzgebäck in allen Formen, mit und ohne Kräuter.

Sektkübel, Eiszangen und anderes Gerät

Der Gerätschaften sind viele, die aus dem einfachen Getränk vor dem Essen ein erhebendes Zeremoniell machen. Hier die wichtigsten, die in keinem Fall auf dem Aperitifbuffet fehlen sollten:

- ein Weinkühler (für den Weißwein) und eventuell auch ein Sektkühler. Die Kühler werden mit einer Handserviette drapiert und können auf einem Mittelteller positioniert werden.
- eine Eiszange,
- ein Eiswürfelbehälter (der natürlich gefüllt sein sollte),
- kleine Tabletts,

- Schalen für die Knabbereien,
- kleine (Papier-)Servietten.

Den Aperitif können Sie bereits eingeschenkt haben und auf dem Buffet anrichten oder auf Tabletts präsentieren. Vergessen Sie auch nicht, einige Sessel oder bequeme Stühle bereitzustellen, damit sich der eine oder andere vom Stehen erschöpfte Gast setzen kann.

> Stellen Sie einige kleine Tische in den Empfangsraum, damit Ihre Gäste die Gläser abstellen können.

Auf diese kleinen Tische stellen Sie Ascher, wenn Sie Ihren Gästen gestatten zu rauchen – und das sollten Sie, denn zum höflichen Umgang gehört nicht die Erziehung der Gäste. Und legen Sie auch Streichhölzer neben die Ascher.

Rauchfreie Zonen – oder Zonen für Raucher?

Die Zeit, in der sich Nichtraucher in eine rauchfreie Zone flüchten mussten, ist vorbei. Aber Sie können die Raucher bitten, ihrem Laster genüsslich in einem bestimmten Bereich zu frönen, wenn Sie nicht sogar ein „Herrenzimmer" anzubieten haben – zu dem selbstverständlich auch Damen Zutritt haben.

Tischlein deck dich

Es tut sich leider nicht von allein. Was muss also auf den Tisch, damit Ihre Gäste das Essen kultiviert zu sich nehmen können? Das Gedeck – in der Fachsprache das Couvert – besteht aus all dem, was der Gast zum Essen benötigt:

- Besteck
- Geschirr
- Gläser
- Serviette

Und die folgende Grafik zeigt Ihnen, wie Sie die vier Teile des Gedecks anordnen:

Der Platzteller, dient der Markierung des Gedecks, weswegen er auch Gedeckteller genannt wird.

- Die Gläser stellen Sie oben rechts im Gedeck auf. Ist ein Aperitifglas eingedeckt, steht es als nächstes zum Gast, anderenfalls das Weißweinglas. Dann folgt in der Linie nach hinten links das Rotweinglas, anschließend das Sektglas. Digestifgläser werden nicht eingedeckt.
- Messer und Löffel legen Sie alle rechts vom Gedeckteller – bis auf das Dessertbesteck (siehe unten) und das Brotmesser, das auf dem Brotteller (links oben) seinen Platz hat.
- Alle Gabeln liegen links im Gedeck (bis auf die Gabeln im Dessertbesteck).
- Die Dessertgabeln oder das Dessertbesteck platzieren Sie oberhalb des Tellers.

Der Gedeckteller trägt während des gesamten Menüs die jeweiligen Teller mit den Speisen und wird erst vor dem Kaffeegang ausgehoben. Warme Speisen werden grundsätzlich auf warmen Tellern angerichtet, kalte Speisen auf kalten Tellern.

Mit Servietten dekorieren

Jede festliche Tafel und jedes Buffet werten Sie optisch auf, wenn Sie die Servietten kunstvoll „brechen", wie es in der Fachsprache heißt. Servietten aus Papier lassen sich womöglich besser formen, aber bei einem Festessen sind Stoffservietten eine gute Wahl.

Legen Sie sich noch einige Servietten bereit für den Fall, dass später beim Essen ein Glas umfällt. Sie sollten dann nämlich nicht anfangen zu wischen und zu trocknen. Legen Sie einfach eine Serviette über das Malheur. Denn das Fest hat Vorrang vor dem Fleck.

Pfeffer und Salz – Ketchup nie?

In einem guten Restaurant werden Sie weder Salz noch Pfeffer auf dem Tisch finden: Darin liegt das Versprechen des Kochs, Ihre Speisen richtig gewürzt zu haben. Laden Sie Gäste nach Hause ein und wollen das gleiche Versprechen geben, dann halten Sie es ebenso. Wenn aber nicht? Dann stellen Sie Salz – in einem kleinen Schälchen mit einem Löffelchen – auf den Tisch. Pfeffer gehört auf den Frühstückstisch. Ansonsten reichen Sie eine Pfeffermühle, besonders bei Spezialgerichten wie Lachs und Schinken.

Sonstige Gewürze, Mischungen und Kräuter werden nur bei Spezialgerichten gereicht, wie z. B. Parmesan bei italienischen Gemüsesuppen oder Pasta und Senf bei einer Wurstplatte – im Senftöpfchen mit Senflöffel.

> Ketchup muss auf den Tisch, wenn Sie Pommes Frites oder Hot Dogs reichen. Aber tun Sie das denn? Daher: Kein Ketchup auf dem Tisch!

Wie viele Gänge hat ein Menü?

Ein Menü besteht mindestens aus drei Gängen, nämlich der Vorspeise, dem Hauptgericht und einem Dessert. Wobei die Vorspeise auch eine Suppe sein kann und das Dessert eine Käseplatte oder Obst.

Wie das Menü, so besteht auch der Hauptgang aus mindestens drei Komponenten:

- Fleisch, Fisch, Geflügel, Wild
- Gemüse
- einer Beilage (wie Reis, Kartoffeln, Teigwaren)

Was nicht fehlen sollte

Vergessen Sie nicht das Brot. Damit sind nicht Brotscheiben gemeint, sondern bestenfalls kleine Weißbrotscheiben oder getoastetes Brot.

Ich empfehle Ihnen aber:

- Servieren Sie die kleinen leckeren Cocktailbrötchen. Eine große Auswahl in einem hübsch angerichteten Brotkorb angeboten, ist außerdem schön anzusehen.
- Dazu gibt es Butter, Schmalz oder einen anderen Aufstrich.

Tafel oder Buffet – was ist besser?

Bei einem Menü mit mehreren Gängen können Sie den Service am Tisch sinnvoll kombinieren mit einem Buffet: z.B. könnten Sie die kalten Vorspeisen und das Dessert auf dem Buffet anrichten, den Hauptgang aber am Tisch servieren lassen. Vielleicht haben Sie noch andere Ideen oder der Ober im Restaurant kann Ihnen noch weitere Vorschläge machen. Hier finden Sie als Entscheidungshilfe eine Liste beachtenswerter Vor- und Nachteile des Buffets.

Übersicht: Das Buffet

Vorteile	Nachteile
▪ Ablauf des Essens wird ungezwungener.	▪ Größere Unruhe.
▪ Gespräche sind mit vielen Gästen möglich.	▪ Schwierigkeiten für gebrechliche Gäste.
▪ Größere Auswahl an Speisen.	▪ Sie benötigen mehr Geschirr.
▪ Als Gastgeber können Sie sich intensiver um Ihre Gäste kümmern.	▪ Zeitaufwendiger: Sie müssen zusätzlich das Buffet aufbauen und dekorieren.
▪ Bewegung ist gut für die Verdauung.	▪ Das aufgebaute Buffet nimmt möglicherweise viel Platz in Anspruch, der dann anderswo fehlt.

Sich bei Tisch perfekt benehmen

Der gedeckte Tisch, das ist die schönste Gegend.

Johann Nestroy

Der Ablauf des Menüs ist der zentrale Programmpunkt vieler Veranstaltungen. Gerade hier kommt es also darauf an, dass alles rund läuft.

In diesem Kapitel erfahren Sie

- wann, wo und wie Sie an der Tafel Platz nehmen,
- wie Sie im Restaurant bestellen,
- welche Regeln für Getränke, insbesondere Wein, gelten,
- wie Sie mit Besteck professionell umgehen und auch schwierige Speisen bewältigen,
- wie Sie im Restaurant korrekt bezahlen.

Es ist angerichtet

Es ist so weit. Ihre Gäste haben sich versammelt, einen Aperitif zu sich genommen und sich schon etwas miteinander bekannt gemacht bzw. einige Neuigkeiten ausgetauscht.

- Jetzt bitten Sie Ihre Gäste, Ihnen in den Speisesaal oder zur Tafel zu folgen. Als Aufforderung kann schon das Öffnen der Tür zum Speisesaal gelten.
- Aber Sie sollten auch einige herzliche und warme Worte sagen. (Machen Sie eventuell auch auf den Tischplan aufmerksam.)
- Gehen Sie mit Ihrem Tischpartner Ihren Gästen in den Speisesaal voraus.

Wie Sie zur Tafel schreiten

Wenn Sie als Gast bemerken, dass es nun zu Tisch gehen soll,

- stellen Sie Ihr Glas ab (denn es gehört sich nicht, es mit in den Speisesaal zu nehmen – auch wenn Sie es noch nicht ausgetrunken haben sollten),
- dann folgen Sie mit Ihrem Tischpartner dem Gastgeber in den Speisesaal. (Ist kein Tischplan aufgestellt, gehen Paare gemeinsam an den Tisch. Singles suchen sich ihre Tischpartner, um dann ebenfalls zur Tafel zu schreiten.)

Mit dem Betreten des Speiseraums rauchen die Gäste nicht mehr.

Bleiben Sie stehen! Oder ich ...

Sobald Sie als Gast im Speisesaal angelangt sind und Ihren Platz gefunden haben, stellen Sie sich hinter Ihren Stuhl. Bleiben Sie dort stehen, bis alle Gäste den Speiseraum betreten und ihren Platz gefunden haben.

Diese Zeit müssen Sie keineswegs schweigend verbringen. Führen Sie ein kleines Gespräch – aber ausschließlich mit Ihrem Tischpartner und keineswegs quer über die Tafel (siehe Kapitel „Smalltalk").

Frauen halten ihre Abendtasche (das kleine Täschchen für das Allernötigste) noch in der Hand und legen sie erst später auf der Tafel ab.

Wann nehmen Sie Platz?

Sobald alle Gäste ihren Platz gefunden haben, bittet der Gastgeber seine Gäste sich zu setzen mit den Worten: „Bitte, nehmen Sie Platz!" oder „Darf ich Sie bitten, Platz zu nehmen?"

Dann rückt er den Stuhl seiner Tischpartnerin zurecht, sodass sie Platz nehmen kann, und alle anderen Herren folgen seinem Beispiel.

Können Sie den Platz tauschen?

Ihnen steckt der Schock noch in den Knochen. Ausgerechnet neben Ihrem größten innerbetrieblichen Konkurrenten sollen Sie sitzen. Auf dem Tischplan steht es. Was sollen Sie tun? Können Sie sich umsetzten? Nein, auf keinen Fall. Der Gastgeber hat Ihnen ja den Platz zugedacht und das können Sie schwerlich ablehnen. Sehen Sie es vielmehr als Chance, Ihren Konkurrenten in der nicht alltäglichen Umgebung anders und vielleicht besser kennen zu lernen.

Jetzt kommen die Karten auf den Tisch

Im Restaurant fragen Sie den Chef de Rang (das ist der für Sie zuständige Stationskellner), was er Ihnen empfehlen kann. Er wird Ihnen einige Menüs nennen, also Vorspeise und Hauptgericht (das Dessert wählen Sie erst nach dem Hauptgericht aus). Sollte Ihnen die Empfehlung des Chef de Rang nicht zusagen, fragen Sie nach der Karte.

Der Chef de Rang wird Ihnen üblicherweise nicht sagen, was die Speisen kosten. Und es wäre unangemessen ihn danach zu fragen. Falls Sie dennoch die Preise in Erfahrung bringen wollen, fragen Sie ebenfalls nach der Karte.

Alles auf einer Karte?

In einem guten Restaurant werden Sie meist zwei Karten vorfinden: eine Karte mit den Speisen und eine Karte für die Getränke.

Die Speisekarten reicht der Ober ausschließlich dem Gastgeber und nicht direkt den Gästen. Das macht der Gastgeber selbst. Und den gleichen Weg gehen sie auch wieder zurück.

Auch die Bestellung gibt nicht jeder Gast einzeln auf. Das ist – zumindest im kleinen Kreis – die Pflicht des Gastgebers, der sich natürlich zuvor bei seinen Gästen nach deren Wünschen erkundigt hat.

Auf diese Art hält der Gastgeber seine Gäste von allen organisatorischen Dingen frei und sie können sich ganz dem Gespräch widmen – und später dem Genuss.

Die Getränkekarte wird der Chef de Rang erst nachdem die Speisen bestellt sind dem Gastgeber reichen. Er sucht dann die Getränke für seine Gäste aus. (Dazu können Sie sich natürlich an den Wünschen Ihrer Gäste orientieren.) Oder er überlässt die Entscheidung dem Chef de Rang oder dem Sommelier (das ist der Weinkellner und -spezialist, den es leider nur in wenigen deutschen Restaurants gibt).

Eine Einladung ist eine Einladung?

Eine Einladung ist eine Einladung! Zumindest wenn es ums Geld geht. Wenn es sich also Ihr Gast im Restaurant so richtig gut gehen lässt, sollten Sie sich freuen und zahlen.

Andererseits wird mancher Gast seinerseits unsicher sein und womöglich bei der Wahl der Speisen den Umfang Ihrer Börse im Blick haben. Das ist natürlich nicht erwünscht. Daher sollten Sie als Gastgeber ein klein wenig helfen und Ihre Preisvorstellung offen legen. Am besten tun Sie das indirekt, indem Sie auf bestimmte Gerichte hinweisen: „Essen Sie auch gerne Rotbarschfilet?" oder „Das Hirschgulasch soll hier sehr schmackhaft sein." So geben Sie Ihren Gästen einen Anhaltspunkt, in welchem Preisspektrum sie ihre Wahl treffen können.

Eine Karte ohne Preise

In einigen wenigen Häusern gibt es die sogenannte Damenkarte (die besser Gastkarte heißen sollte). Darin sind wie in der sonst üblichen Karte alle Speisen verzeichnet, nur nicht die Preise, um den Gast von einer Wahl unter finanziellen Gesichtspunkten abzuhalten.

Was trinken Sie zum Essen?

Sind auch die ehemals strengen Regeln, welcher Wein zu welcher Speise getrunken wird (Weißwein zu hellem Fleisch, Rotwein zu rotem Fleisch ...), weitgehend aufgehoben, so können Sie sich zumindest an der bewährten Getränkefolge orientieren.

Rot auf weiß, Sekt immer?

Kredenzen Sie bei Tisch zuerst einen hiesigen Wein (insbesondere, wenn Sie in einer der glücklichen Regionen leben, in denen Wein angebaut wird), und zwar einen trockenen Weißwein. Diesem folgt Wein aus einer ferneren Region, wobei es sich dann empfiehlt, zugleich die Farbe zu wechseln – also zu einem Rotwein.

Wenn Sie mehrere Weine reichen, orientieren Sie sich, was die Reihenfolge angeht, an diesen Regeln:

- weiße Weine vor roten,
- herbe Weine vor lieblichen,
- jüngere Jahrgänge vor älteren.

Sekt führt zu einem ersten feierlichen Höhepunkt, der später durch Champagner überboten werden kann.

Zu Sekt können Sie auch später immer wieder zurückkehren; nicht aber zu Weißwein, nachdem Sie schon Rotwein genossen haben.

Sie hätten lieber einen Saft?

Ein Gast, der ein anderes Getränk wünscht, lässt sich dennoch zuerst einen Schluck Wein einschenken. Dann bittet er den Servierenden um ein anderes Getränk. Das wird ihm gebracht, sobald – bis auf den Gastgeber – alle anderen Gäste mit Wein versorgt sind.

Muss ein Gast wegen einer Diät ein besonderes Getränk haben, kann er das vorher ankündigen.

Wie probieren Sie den Wein?

Zuerst präsentiert Ihnen der Ober die Weinflasche, und zwar so, dass Sie das Etikett leicht lesen können: Ist es der Wein, den Sie bestellt haben?

Wenn es der richtige ist, öffnet der Kellner die Flasche und schenkt Ihnen einen kleinen Schluck ein. Und nun kommt das Prüfen des Weins, das für viele Menschen „den Kenner" beweist. Wie machen Sie das?

- Sie begutachten den Wein auf seine Farbe, indem Sie das Glas anheben und gegen Kerzenlicht halten. Schwenken Sie das Glas vorsichtig, um zu erkennen, ob der Wein langsam oder schnell von der Innenwand des Glases zurückläuft.
- Prüfen Sie dann seinen Geruch, indem Sie leicht am Glasrand riechen.
- Nehmen Sie jetzt einen Schluck, schlucken ihn aber nicht gleich herunter, sondern goutieren Sie nun den Geschmack: Hat der Wein „Korken" und ist damit ungenießbar? In diesem Fall werden Sie das Glas zurückgeben und eine weitere Flasche testen.
- Nun noch die Temperatur: Ist der Wein nicht zu kalt und nicht zu warm?

Zu Hause machen Sie die Probe, bevor Ihre Gäste eintreffen (oder Sie haben eine Person mit dieser Aufgabe betraut).

> Damit sich das Bukett entfalten kann, öffnen Sie älteren Rotwein etwa eine Stunde bevor Sie ihn trinken. Oder gießen Sie ihn in eine Karaffe (dekantieren). Denn erst durch den Kontakt mit Sauerstoff kann sich das Bukett voll entwickeln.

Erteilen Sie nach dem Probeschluck Ihre Zustimmung, wird erst den anderen Gästen und ganz zum Schluss Ihnen selbst eingeschenkt.

Ohne Wein geht nichts?

Sie können es schon verstehen, das ist keine Frage. So ein Vertragsabschluss will gefeiert werden, und zwar selbstverständlich mit einem guten Tropfen. Sie sind schließlich im Ländle. Und den Tropfen hat Ihr Chef schon bestellt. Aber Sie wollen nicht und Sie dürfen nicht. Sie haben da Ihre Gründe. Kann es nicht auch ohne Wein gehen?

Es kann ohne Wein gehen. Denn auf die Geste kommt es an. Erheben Sie also das Glas und führen Sie es auch an die Lippen. Aber trinken müssen Sie nichts. Bestellen Sie sich dann noch ein Mineralwasser. Den Wein lassen Sie einfach stehen.

Wem gießen Sie zuerst ein?

Wenn Sie Ihren Gästen das erste Getränk einschenken, dann sollten Sie dabei – wie auch bei der Begrüßung – auf die Rangfolge achten. Ausschlaggebend sind auch wieder Geschlecht und Alter. Füllen Sie zuerst den Damen und dann den Herren das Glas. Und zuerst den älteren und dann den jüngeren.

Bei mehr als acht Gästen können Sie von dieser Reihenfolge abweichen. Beginnen Sie bei Ihrem Ehrengast oder der ältesten Dame und schenken Sie dann der Reihe nach und sich selbst natürlich zuletzt ein.

Voller Stil – oder wie halten Sie ein Glas?

Es gibt viele Gläser ohne Stiel. Aber die, die Sie in Ihrem Gedeck finden, sind meist Stielgläser. Fassen Sie diese nicht am Kelch selbst an, denn Sie würden sonst Ihr Getränk unnötig erwärmen. Und das ist zumindest bei Sekt oder Weißweinen nicht gewünscht. Und Sie vermeiden so auch Fingerabdrücke.

Stilvoll halten Sie also ein Stielglas

- am oberen Teil des Stiels bzw. dicht unter dem Glaskelch,
- mit zwei oder drei Fingern

der rechten Hand (bei einem Stehempfang halten Sie es aber entsprechend in der linken Hand, wenn Sie nicht trinken).

> Halten Sie bei Stehempfängen das Glas in der linken Hand, damit Sie die rechte frei haben – z. B. um andere Gäste zu begrüßen.

Wärmen Sie Cognac und Weinbrand

Wenn Sie aber inzwischen beim Digestif angelangt sind und sich für Cognac oder einen Weinbrand entschieden haben, sollten Sie das Glas nicht am Stil halten, sondern den Glaskelch in der Hand ruhen lassen und auf diese Weise Ihr Getränk wärmen. Außerdem lassen sich diese Gläser so auch besser halten, gerade wenn es sich um sehr große Spezialgläser handelt.

Unanstößig anstoßen

Als Gastgeber erheben Sie Ihr Glas und prosten Ihren Gästen zu. Stoßen Sie mit den Gläsern aber an? Beim Digestif ist es nicht üblich. Bei anderen Getränken und wenn Sie in einer kleinen Runde sind, sollten Sie sich den Genuss nicht nehmen und die Gläser klingen lassen.

Ist die Runde zu groß, stoßen Sie auch nicht mit ihren Gästen zur Rechten und zur Linken an. Versuchen Sie stattdessen mit einem Blick jedem Gast zuzuprosten, indem Sie Ihr Glas in die Richtung des jeweiligen Gastes heben. Wünschen Sie Ihren Gästen ein „zum Wohl" oder sagen Sie – je nach Anlass – worauf Sie trinken wollen (z. B: „auf das Geburtstagskind"). Dann nehmen Sie einen Schluck.

Als Gast erwidern Sie, sobald der Gastgeber Ihnen zuprostet, den Gruß, indem Sie Ihr Glas leicht in Richtung Gastgeber heben und ihm zunicken. Dann trinken Sie mit dem Gastgeber gleichzeitig den ersten Schluck.

Wieder hebt der Gastgeber sein Glas reihum in Richtung aller Gäste, die ihre Gläser ebenfalls nochmals erheben, und alle stellen dann das Glas ab.

Trinken Sie als Gast nicht, bevor der Gastgeber sein Glas erhoben hat, und trinken Sie das Glas auch nicht ganz aus!

Den näheren Tischnachbarn können Sie dann im Verlauf des Essens nochmals zuprosten.

Weinkenner flöten nicht

Es ist ja richtig, dass der Wein seinen Geschmack noch mehr entfaltet, wenn Sie den Wein „flöten", also einen Schluck im Mund behalten und dann vorsichtig Luft durch die geschürzten Lippen einziehen. Nicht umsonst werden Weine – vor allem die roten – lange vor dem Trinken geöffnet oder dekantiert. Aber durch die Art des Geräuschs, das entsteht, verbietet sich das Flöten bei Tisch von selbst. Auch wenn Sie als Gastgeber den Wein probieren, sollten Sie ihn nicht flöten. Sind Sie aber zu einer Weinprobe eingeladen, dann flöten Sie so viel Sie wollen.

Nur Messer, Gabel, Löffel?

Wie Sie mit Messer, Gabel, Löffel umgehen, wissen Sie wahrscheinlich. Deshalb nur noch mal ganz knapp:

- Wenn Sie den Löffel ohne ein zweites Besteckteil benutzen, halten Sie ihn in der rechten Hand. (Linkshänder können ihn auch in der Linken halten.)
- Kombinieren Sie den Löffel mit der Gabel, so halten Sie diese links, den Löffel aber rechts.
- Messer und Gabel benutzen Sie vor allem gemeinsam: Halten Sie die Gabel links, das Messer rechts, wobei die Schneide des Messers nach unten zeigt oder in Richtung zum Teller. Mit dem Messer zertrennen Sie die Speisen und schieben sie auf die Gabel, mit deren Hilfe Sie die Speise dann zum Mund führen.

Sollte nur ein Besteckteil, wie bei der Suppe, benötigt werden, bleibt die linke Hand an der Tischkante liegen. Sie liegt, zumindest in Europa, nicht auf dem Schoß.

Um einen Schluck Wein zu sich zu nehmen, legen Sie Messer und Gabel ab, und zwar so, dass die Zinken und die Schneide auf dem Tellerrand liegen. Dabei deuten die Zinken der Gabel nach unten und die Schneide des Messers zu einem selbst.

Was Sie mit Messer, Gabel, Löffel nicht tun sollten

Sie sollten nicht mit Besteckteilen gestikulieren (weder mit der Gabel noch mit dem Messer) oder gar die Speise mit dem Messer zum Mund zu führen. Orte, wo dies erwartet wird (wie in der Erlebnisgastronomie), sollten Sie gezielt aussuchen (Ritteressen o. ä.).

Welche Gabel zuerst? Welches Messer zuletzt?

Vor und während des Hauptganges greifen Sie zu den Besteckteilen, die rechts und links auf der Serviette oder neben dem Gedeckteller eingedeckt sind. Das Messer, das rechts, und die Gabel, die links unmittelbar neben dem Gedeckteller liegen, werden zum Hauptgang benutzt. Nach dem Hauptgang werden jene Besteckteile benutzt, die über dem Gedeckteller liegen.

> Das Besteck wird in dieser Reihenfolge benutzt: Von außen nach innen und dann von oben nach unten.

Zur falschen Gabel gegriffen?

Ein nicht benutztes Besteckteil wird das Personal am Ende des jeweiligen Ganges abräumen. Ein falsch benutztes Besteckteil wird mit abgeräumt und diskret nachgedeckt. Sie können also als Gast sicher sein, das richtige Besteckteil im Gedeck zu haben, sobald Sie es brauchen.

Schneiden, spießen, schlürfen? Wie Sie was essen

Aus der Vielfalt von Speisen, die nicht einfach mit Messer und Gabel gegessen werden, haben wir eine kleine Auswahl getroffen, die wir Ihnen hier vorstellen wollen:

Artischocken essen Sie mit den Fingern. Rupfen Sie ein Blatt aus, tunken Sie es in die Soße und ziehen Sie das Blatt zwischen den Zähnen durch.

Austern schlürfen Sie (möglichst geräuscharm) direkt aus der Muschel. Lösen Sie zuvor das Tier mit der Austerngabel von der Schale. Geben Sie einige Tropfen Zitronensaft darauf und, da sie noch lebt, wird die Auster etwas zucken. Manche Gourmets empfehlen zwar die Auster pur, aber Sie können sie auch mit etwas Pfeffer würzen.

Auch wenn der *Hummer* meist halbiert serviert wird, müssen Sie zugreifen. Drehen Sie den Schwanz, die Zange und die Beine ab. Brechen Sie den Panzer, falls dies nicht schon in der Küche geschehen ist, mit der Hummerzange auf und ziehen Sie entweder das Fleisch heraus oder lösen es mit der Hummergabel, einem langstieligen Gerät mit Haken, ab.

Dass Sie *Spaghetti* nicht zerschneiden dürfen, werden Sie wissen: Spaghetti werden aufgewickelt – aber ohne Hilfe des Löffels. Halten Sie die Gabel in der rechten Hand, fädeln Sie einige Nudeln mit den Zinken auf und wickeln Sie sie im Tellerrand auf, indem Sie die Gabel um ihre eigene Achse drehen.

Anders ist es bei *Spargel*: Heutzutage darf er geschnitten werden und gerade bei Geschäftsessen empfiehlt sich dies, um saubere Finger zu behalten. Wenn ein Fingerschälchen und eine zweite Serviette (für die Finger) gedeckt sind, können Sie sich aber auch dem Vergnügen hingeben und die Spargelstange mit der Hand zum Mund führen.

Selbstverständlich können Sie die Pelle der *Weißwurst* mitessen. Aber wenn Sie München besuchen, sollten Sie die Weißwurst auch zuzeln: Schneiden Sie sie an der einen Seite auf, führen Sie sie mit Gabel oder Hand zum Mund und zuzeln Sie.

Mit Messer und Gabel sprechen?

Lassen Sie Ihren Gastgeber bzw. das Personal nicht im Unklaren darüber, was Sie wollen. Teilen Sie ihm mit, ob Sie gerade nur ein Päuschen einlegen oder mit dem Essen fertig sind. Und zwar mit dem Besteck:

Zeigen die Zinken der Gabel nach unten, heißt das: Bitte nicht abräumen, denn ich

- bin mit dem Essen noch nicht fertig.
- bin dabei, etwas zu trinken.
- lege eine Pause ein.

Kreuzen Sie die Besteckteile auf dem Teller, wobei die Zinken der Gabel nach oben zeigen, so heißt das: Bitte nicht abräumen, denn ich

- habe noch Appetit und würde gerne mehr von diesem Gang gereicht bekommen.

Wenn Sie das Besteck parallel zueinander auf den Teller legen, das Messer rechts mit der Schneide nach links, die Gabel links, mit den Zinken nach oben, dann heißt das: Bitte abräumen, denn ich

- möchte nichts mehr nach haben.
- bin mit dem Essen fertig.

Wann wird abgeräumt?

Abgeräumt wird nach jedem Gang. Bis auf den Gedeckteller und das Besteck und die Gläser, die noch gebraucht werden. Aber es wird nicht bei jedem einzeln abgeräumt, sobald ein Gast das Besteck parallel auf den Teller legt, sondern erst dann, wenn alle Gäste das Zeichen mit dem Besteck geben.

Versuchen Sie als Gast nicht, dem Personal beim Abräumen zu helfen. Es ist einerseits deren Job, andererseits könnten die anderen Gäste meinen, ein Gespräch mit ihnen sei weniger interessant, als den Tisch abzuräumen. Und wahrscheinlich bringen Sie die Routine des Personals eher durcheinander, als dass Sie eine wirkliche Hilfe sind.

Geht's der Serviette an den Kragen?

Wenn Sie an der Tafel Ihren Platz eingenommen haben, nehmen Sie die Serviette auf und breiten sie auf Ihrem Schoß aus. Sie schützt dort in erster Linie die Kleidung vor Tropfen und Spritzern.

Die Serviette wird keinesfalls vor die Krawatte, hinter den Hemdenknopf oder gar in den Blusenausschnitt gesteckt. Falsch ist es auch, die Serviette während des Essens unberührt im Gedeck stehen zu lassen oder hinter das Gedeck zu stellen. Denn die Serviette ist dazu da, dass sie benutzt wird.

Während des Serviceablaufs bleibt die Serviette auf dem Schoß liegen. Zum Abschluss des Essens tupfen Sie sich mit der Serviette leicht den Mund ab. Dies können Sie auch tun, bevor Sie einen Schluck Wein zu sich nehmen, um Fettabdrücke am Glasrand zu vermeiden.

Wann legen Sie die Serviette auf den Stuhl?

Sollten Sie während des Essens aufstehen wollen, deponieren Sie die Serviette – mit der benutzten Seite nach innen und locker zusammengelegt – auf der Sitzfläche des eigenen Stuhls (und nicht auf dem Tisch, denn das wäre für das Personal das Zeichen, dass Sie nicht mehr an die Tafel zurückkehren werden).

Wenn das Essen vorbei ist, legen Sie die Serviette leicht zusammengeklappt vor sich auf den Tisch (nicht auf den Teller). Nach rechts sollte eine Spitze zeigen, damit das Personal die Servietten leichter wegnehmen kann.

Von der Vorspeise bis zum Dessert

Wie essen Sie ein Brötchen?

Manierlich zu essen ist aber nicht nur eine Frage des richtigen Umgangs mit dem Besteck. Manchmal müssen Sie auch herzhaft zupacken. Denn ein Brötchen dürfen Sie nicht etwa mit dem dabei liegenden Messer halbieren, mit Butter bestreichen und einfach davon abbeißen. Bewahre! Gehen Sie besser so vor:

- Sie brechen ein mundgerechtes Stück vom Brötchen ab,
- bestreichen dieses mit Butter oder Aufstrich und nehmen dabei das Messer zu Hilfe, das auf dem Brottellerchen lag.

- Ganz nach Wunsch streuen Sie Salz darüber und
- führen den Happen zum Mund. Voilà!

Übrigens sollten Sie auch Frühstücksbrötchen auf diese Art verzehren. Und zum Verspeisen einer großen Brotscheibe sollten Messer und Gabel benutzt werden.

Was Sie bei einem Buffet beachten sollten

Vor dem Gang zum Speisenbuffet legen Sie Ihre Serviette auf der Sitzfläche Ihres Stuhles ab. Der Herr geht gemeinsam mit seiner Tischdame zum Buffet. Und er lässt selbstverständlich der Dame den Vortritt.

Am Buffet reicht er ihr den Teller. Aber auftun sollte er nicht: Die Speisen nimmt die Dame selbst am Buffet.

Die Tischpartner gehen gemeinsam vom Buffet zurück, wobei die Dame wieder vorausgeht. Sie stellen zuerst die Teller ab, nehmen die Servietten wieder auf und setzen sich.

Wer kann tranchieren?

Das fachgerechte Tranchieren gilt als einer der Höhepunkte im Laufe eines Menüs – wie auch das Flambieren, das oftmals mit einer regelrechten Show verbunden ist. Als Gast sollten Sie diesem Vorgang Ihre Aufmerksamkeit nicht entziehen.

Um ausreichend Platz zu haben, die Aufgabe auszuführen, sollte ein weiterer Tisch bereitgestellt werden. Und beachten

Sie: Das Tranchieren nimmt viel Zeit in Anspruch. Das heißt, dass die Gefahr recht groß ist, dass das Fleisch abkühlt.

> Verwenden Sie immer Warmhalteplatten für das Fleisch und vorgewärmte Teller.

Das Zerlegen der Speisen übernimmt der Gastgeber oder eine von ihm beauftragte Person, sofern kein Servicepersonal vorhanden ist.

Platten und Schüsseln auf dem Tisch

Sobald die Platten oder Schüsseln auf der Tafel eingedeckt sind, fordert der Gastgeber seine Gäste auf, sich zu bedienen.

- Als Herr greifen Sie zu einer Platte und bieten Ihrer Tischdame die Speise an.
- Als Dame warten Sie ab, bis Ihr Tischherr Ihnen die Platte anbietet, damit Sie sich davon nehmen können.

Häufen Sie die Speisen nicht übermäßig auf den Teller. Sie können sich selbstverständlich ein zweites Mal bedienen. Wenn es Ihnen besonders gut mundet, so greifen Sie ruhig noch ein drittes Mal zu.

> Vergessen Sie nicht, das Vorlegebesteck wieder zurück auf die Platte zu legen! Und benutzen Sie nicht Ihr eigenes Besteck, um Speisen aufzutun.

Die Platten werden von den Gästen herumgereicht, damit jeder sich nehmen kann. Und erst wenn der Gastgeber festgestellt hat, dass alle Gäste bedient sind, beginnen Sie zu essen. Auch wenn das Essen noch so verlockend duftet.

> Die Ausnahme dieser Regel tritt dann ein, wenn die Speisen serviert werden: Lassen Sie Ihren Tischnachbarn nicht vor seinem Teller darben, bis auch Ihnen die Speise serviert wurde. Sondern bitten Sie ihn, doch schon mit dem Essen zu beginnen. Und der sollte sich das nicht zweimal sagen lassen.

Wenn auf der Platte Ebbe ist

Das Personal merkt nichts und Ihre Nachbarn auch nicht: Aber irgendwie sitzen Sie sehr ungünstig. Immer wenn die Bratenplatte bei Ihnen angelangt ist, ist sie leer. Und Sie wollen doch Ihrer Tischdame etwas bieten! Was tun Sie?

Wenden Sie sich an das Personal mit der Bitte, Ihnen frischen Braten zu bringen. Nur keine falschen Hemmungen.

Wie heben Sie die Tafel auf?

Es kommt darauf an, was Sie wollen: Wollen Sie nur die Tafel aufheben, aber weiter feiern, oder wollen Sie das Fest beenden und daher die Tafel aufheben?

Wenn Sie als Gastgeber die Gegenwart Ihrer Gäste weiterhin genießen wollen, dann stehen Sie auf, und sagen Sie in etwa: „Darf ich Sie (zu einem Digestif) ins Nachbarzimmer bitten!" Falls Sie den Digestif schon an der Tafel eingenommen haben, lassen Sie ihn natürlich weg. Und wenn auch einige Gäste dann aufbrechen und sich auf den Weg nach Hause machen, werden doch viele gerne Ihrer Aufforderung nachkommen.

Wenn es am schönsten ist

Was aber tun Sie, wenn Sie das Fest mit dem Aufheben der Tafel beenden wollen? Dann sollten Sie den Digestif an der Tafel reichen und abschließend Ihren Gästen noch einmal für ihr Kommen danken.

Die Gäste werden Ihren Dank als Beendigung des Abends zu deuten wissen und aufbrechen. Und wenn Sie als Gastgeber auch noch auffordern zu bleiben, so werden Ihre Gäste das höflich ablehnen. (Nur wenn Ihnen als Gast absolut eindeutig klar ist, dass Ihre Anwesenheit noch länger erwünscht ist, können – aber müssen Sie nicht – bleiben.)

> Ein guter Gast drängt sich dem Gastgeber nicht auf und zieht den Zeitpunkt des Abschieds nicht hinaus. Er fühlt, wann es Zeit ist, sich zu verabschieden.

Gastfeindschaft – Ihre Gäste wollen nicht gehen

Es ist ein schönes Fest. Sie selbst amüsieren sich ausgesprochen gut. Und auch Ihre Gäste haben sich immer wieder für den wunderschönen Abend bedankt, bei der Verabschiedung. Jetzt fällt Ihnen erst auf, wie viele schon gegangen sind. Bis auf einige wenige. „Gehen", sagen die, „das wäre ja noch schöner, wo es doch jetzt so schön ist." Aber Sie wollen die Feier jetzt beenden, schließlich müssen Sie noch abräumen, spülen, aufräumen ... Was tun Sie?

Versuchen Sie zunächst einige Andeutungen (z. B. schauen Sie auf die Uhr). Wenn das nichts nutzt, werden Sie deutlicher: „Morgen habe ich eine Menge zu tun" oder „Der Kreis ist ja sehr überschaubar geworden". Haben Sie auch damit keinen Erfolg, werden Sie konkret. Fordern Sie Ihre Gäste direkt auf, jetzt zu gehen („Darf ich Sie bitten, jetzt zu gehen!"). Zur Not können Sie die Worte noch unterstützen, indem Sie beginnen, abzuräumen, die Garderobe bringen, ein Taxi bestellen und schließlich die Tür öffnen. Aber am nächsten Tag sollten Sie sich überlegen, ob Sie diese Herrschaften nochmals einladen wollen.

Was ist ein Give-away?

Es sind kleine Aufmerksamkeiten, die auf der Tafel im Gedeck gelegen haben. Sie sind dem Gast als Souvenir zugedacht.

> Nicht nur Kinder freuen sich über Kleinigkeiten. Ein Givea-way ist gerne gesehen und erinnert später zu Hause immer wieder an eine angenehme Einladung. Nutzen Sie diese Möglichkeit der Werbung.

Mocca, Digestif und blauer Dunst

Reichen Sie nach dem Essen Kaffee. Und wenn es sich nicht um eine gemütliche Kaffeerunde handelt, sondern um ein veritables Menü, sollte Mokka oder Espresso dem Kaffee vorgezogen werden. Als Gastgeber halten Sie aber auch koffeinfreien Kaffee bereit.

Trinken Sie eine kleine Tasse und wechseln Sie dann wieder zu einem anderen Getränk (wenn Sie wollen, auch wieder zu einem geistreichen).

Es ist nicht üblich Tee zu servieren. Auch ein Cappuccino ist nicht das korrekte Getränk nach einem Menü.

Muss ein Digestif der Verdauung dienen?

Der Digestif soll zwar der Verdauung dienen, aber das trifft keineswegs auf alle unter diesem Namen angebotenen Spirituosen zu. Und dass „Digestif" von dem französischen „digérer" stammt und „verdauen" heißt, fällt dem Allgemeinwissen anheim.

Der Digestif wird zum Kaffee gereicht. Besonders elegant wirkt das, wenn er von einem Digestifwagen serviert wird, auf dem die entsprechenden geistreichen Getränke und Gläser stehen. Als Digestif zu empfehlen sind zum Beispiel:

- Cognac
- Weinbrand
- Armagnac
- Calvados
- Obstwasser
- Orangenlikör
- Bénédictine
- Aquavit
- klarer Schnaps

Eine Einschränkung bei der Wahl gibt es nicht. Jeder darf das trinken, was ihm am besten mundet – und was die Bar hergibt. Nur die Quantität sollte beschränkt sein. Aber dafür ist jeder selbst verantwortlich.

Wann Sie Rauchzeichen geben dürfen

Die Frage, ob während des Essens geraucht werden darf, muss mit einem eindeutigen und entschiedenen „Nein“ beantwortet werden. Das gilt auch für einen starken Raucher, der sich höchstens zwischen den Gängen auf die Gänge oder den Balkon flüchten kann, um dort den blauen Dunst zu genießen. Aber er müsste seinen Tischpartner dazu allein an der Tafel zurücklassen, was sich nicht geziemt.

- Sie dürfen rauchen während des Aperitifs, aber besser in einem anderen Raum – oder an der Bar. Das hat schließlich auch einen besonderen Charme.
- Ansonsten erkundigen Sie sich, ob Sie rauchen dürfen. (Auch wenn Sie bei einem guten Bekannten Gast sind, denn er wird wissen, ob einer der anderen Gäste den Rauch nur schwer erträgt.)

> An der Tafel wird nicht geraucht! Hier steht die Kochkunst im Vordergrund, deren Genuss durch den Rauch empfindlich gestört wird.

Wenn Sie wissen, dass es Ihren Gastgebern unangenehm sein könnte, dann bringen Sie soviel Rücksicht auf, nicht im selben Raum zu rauchen.

> Zigarren, Zigarillos und Zigaretten werden mit Streichhölzern und nicht etwa mit Gasfeuerzeugen angezündet.

Auch wenn Sie Nichtraucher sind, können Sie als Gastgeber eine Auswahl an Zigaretten, Zigarren und Zigarillos bereithalten. Streichhölzer, kleine Feuerzeuge und ausreichend Ascher dürfen dann nicht fehlen.

Was Sie in der Pfeife rauchen

Das Rauchen einer Pfeife ist gleichzusetzen mit Gemütlichkeit. Deshalb gehört die Pfeife nach Hause vor den offenen Kamin, beim Lesen eines interessanten Buches oder Genießen eines guten Weins. Im Restaurant hat die Pfeife nichts verloren.

Rechnung oder Reklamation

Das Fest kann noch so schön gewesen sein, irgendwann kommt der Augenblick, da bezahlt werden muss. Der Ober reicht Ihnen dazu die Rechnung verdeckt auf einem Teller.

Wie gehen Sie nun vor?

- Prüfen Sie die Rechnung in Ruhe (und diskret).
- Legen Sie den Betrag in der gefalteten Rechnung auf den Teller zurück, auf dem Sie die Rechnung erhalten haben.
- Haben Sie den Betrag nicht passend, legen Sie unbesorgt einen höheren Betrag in das Rechnungsblatt.

Der Ober holt den Teller, kassiert den Betrag und bringt den Rechnungsteller mit zusammengefalteter Rechnung und eingefügtem Rückgeld zu Ihnen.

Sie entnehmen das Rückgeld und die Rechnung und lassen nach Ihrem Gutdünken auf dem Rechnungsteller das Trinkgeld liegen. Das Personal wird später den Rechnungsteller holen und sich für das Trinkgeld höflich bedanken.

Soll dem Küchenpersonal Trinkgeld zukommen, sollte das in den meisten Häusern ausdrücklich gesagt werden, weil ansonsten das Trinkgeld in die Servicekasse fließt.

> Serviceangestellte gehören nicht gerade zu den Spitzenverdienern unserer Gesellschaft. Sollten Sie auf einen freundlichen und aufmerksamen Service treffen, knausern Sie mit dem Trinkgeld nicht. Wer hingegen den Service als unprofessionell und unfreundlich einstuft, soll nicht zögern, kein Trinkgeld zu geben.

Nicht weniger als zehn Prozent

Sie haben gut gegessen und getrunken und jetzt kommt die Rechnung: Es sind exakt 98,50 Euro. In Ihrer Börse finden Sie einen Hunderter und denken sich aufgerundet reicht das doch. Stimmt das?

Nein, stimmt nicht. Geben Sie zehn Prozent Trinkgeld. Entweder korrekt Trinkgeld geben oder gar nicht!

Was tun, wenn Sie reklamieren wollen?

Es kann verschiedene Anlässe zur Reklamation geben. Vielleicht

- stimmt die Rechnung nicht oder
- ließ der Service sehr zu wünschen übrig oder
- war eine Speise versalzen (das Gemüse verkocht, das Fleisch zäh).

Dann sollten Sie reklamieren. In der Regel tut das der Gastgeber. Als Gast wenden Sie sich daher nicht direkt an das Personal, sondern an Ihren Gastgeber. Ihm obliegt es, mit dem

Personal zu sprechen. Sein Wunsch besteht schließlich darin, Ihnen eine möglichst unbeschwerte Zeit zu bereiten. Daher:

- Reklamieren Sie umgehend, um dem Betrieb die Möglichkeit zu geben, den Anlass zur Reklamation zu beheben.
- Und vor allem, zeigen Sie Contenance – auch wenn der Anlass sehr ärgerlich ist. Bitten Sie einen Angestellten zu sich und bringen Sie mit ruhiger Stimme Ihre Reklamation vor.

Wie Sie sich angenehm unterhalten

Die ganze Kunst des Redens besteht darin,
zu wissen, was man nicht sagen darf.

George Canning

Vielen Menschen fällt es nicht leicht, leicht dahinzureden. Sie bewundern ihre Kollegen, die sich überall, sei es auf dem Weg zum Büro oder in der Kantine, bestens unterhalten. Und gerade im Berufsleben sind Gespräche, die nicht zielorientiert und nicht unter Termindruck geführt werden, so erfrischend.

In diesem Kapitel erfahren Sie

- wie Sie einen Smalltalk gekonnt bestreiten,
- was Sie bei einer Rede beachten sollten,
- welche Regeln für Telefon und E-Mail gelten.

Smalltalk – ein Genuss zu plaudern

In vielen Situationen wirkt eine kleine Plauderei sehr verbindend und entspannend: Zum Beispiel,

- wenn Ihnen gerade jemand vorgestellt wurde. Gehen Sie nicht gleich weiter, sondern wechseln Sie ein paar Worte.

  Dazu hat Ihnen hoffentlich der Gastgeber bei der Vorstellung auch einige Anknüpfungspunkte geliefert.
- wenn Sie jemandem die Möglichkeit geben wollen, andere Gesprächspartner kennen zu lernen oder sich zu akklimatisieren.
- wenn Sie einen kürzeren Weg zurückzulegen haben, beispielsweise vom Empfangsort zum Besprechungszimmer.
- wenn Sie bei einer Vernissage neben einem Unbekannten stehen und ein Bild betrachten, das Sie wirklich unglaublich spannend finden.

> Verwenden Sie keine Abkürzungen oder Fachsprache im Smalltalk. Sollte es Ihnen dennoch unterlaufen, fragen Sie sich, ob Sie noch smalltalken oder schon ein Fachgespräch führen.

Smalltalk – alles bestens?

Smalltalk ist aber nicht immer eine einfache Sache und nicht immer erfreulich, auch wenn es von außen den Anschein haben mag. Smalltalk wird dann zur höflichen Pflicht, die erfüllt sein will. Und wohl dem, der sich einen schwungvollen Plauderton angeeignet hat. Denn Sie sollten auch dann noch smalltalkfähig sein, wenn

- Sie den zehnten Kandidaten innerhalb eines Tages zum Vorstellungsgespräch empfangen (und im Grunde genommen schon feststeht, dass der dritte der Beste war) oder
- beim Arbeitsessen eine für alle Anwesenden unangenehme Stille eingetreten ist oder
- Sie mit jemandem zusammen warten, der Ihnen nicht sonderlich sympathisch ist.

Und gerade dann, wenn es Ihnen überhaupt nicht leicht fällt, zu plaudern, dann plaudern Sie, schütteln Sie alle negativen Empfindungen ab und erzählen Sie nette Dinge von allgemeinem Interesse.

Wie Sie vergnüglich smalltalken

Es ist keine Kunst, aber Sie brauchen Übung. Wenn Sie smalltalken, denken Sie daran, dass Sie

- Ihre bzw. die anderen Gäste unterhaltsam unterhalten,
- nicht über fachliche, sondern über Themen sprechen, die allgemein bekannt sein dürften,
- Themen wählen, in die Sie persönlich *nicht* involviert sind oder die Sie mit (selbst-)ironischer Distanz darstellen können,
- sich in einer (möglichst) harmonischen Atmosphäre befinden.

Beachten Sie, dass Ihre Meinung zum Thema weniger wichtig ist als die Meinung Ihres Gegenübers. Und nehmen Sie seine Worte ernst, versuchen Sie nicht durch eine eigene Deutung der Worte mehr zu verstehen, als Ihnen Ihr Gesprächspartner gesagt hat.

Hören Sie auch auf das, was Ihr Gesprächspartner Ihnen mit den Händen, mit der Mimik und mit den Augen sagt.

Hegen und pflegen Sie den Smalltalk

Wenn Sie zu einem großen Fest eingeladen haben, sollten Sie, während die Gäste eintreffen, von Grüppchen zu Grüppchen gehen und das Gespräch Ihrer Gäste pflegen:

- Dort, wo es zu erlahmen droht, stoßen Sie es wieder neu an.
- Greift aggressive Stimmung um sich, so versuchen Sie einen Scherz oder Sie fragen einen der Beteiligten, ob er mit Ihnen kommen könne („Ich *muss* Sie unbedingt mit Herrn X. bekannt machen.") oder ob Sie mit ihm unter vier Augen sprechen könnten.

> Ein Smalltalk ist weder ein Monolog noch ein Streit.

Worüber Sie besser nicht sprechen

Sie können über alles reden. Jedes Thema eignet sich für den Smalltalk. Eigentlich. Denn es gibt viele Themen, die einen Smalltalk sehr schwierig werden lassen. Das liegt daran, dass ein Smalltalk immer Distanz zwischen den Smalltalkern und dem Thema erfordert. Oder die Fähigkeit, mit dem Thema in leichter Ironie umzugehen.

Das fällt den meisten beim Gespräch über das Wetter und ähnliche Themen einfacher als bei anderen Themen. (Es sei denn, Sie sind als Umweltschützer aktiv und denken bei „Wetter" sofort an „Treibhauseffekt".)

Anders sieht das aus bei Themen wie zum Beispiel

- Glaube oder Politik
- Krankheit und Tod.

Bei diesen Themen ist es wahrscheinlich, dass Sie den Nerv treffen und eher in eine Diskussion geraten. Das ist kein Smalltalk.

Was sind die unterhaltsamen Themen?

Achten Sie darauf, dass die Distanz zwischen Ihnen und dem Thema auch nicht zu groß wird. Geht Sie das Thema überhaupt nichts an (so geht es doch einigen mit dem Thema Fußball), dann ist es sehr schwer, sich darüber unterhaltsam zu unterhalten, und die Gefahr der Langeweile ist groß.

Hier einige Themenfelder, die vielleicht passen könnten:

- die Veranstaltung, auf der Sie sich befinden, und alles was mit ihr zusammenhängt, wie Einladung, Raum, die Stadt, Anfahrt, Umgebung
- Kultur, Kunst, Literatur, Filme, Theater, Konzert, Oper
- privates Leben: Urlaub, Freizeitgestaltung

Klatsch – es gibt nur eines, das schlimmer ist

Seine Reputation ist nicht gerade besonders gut: Dabei kann Klatsch, wie jeder weiß, sehr unterhaltsam und amüsant sein. Zu erfahren, was Herrn B. schon wieder Dummes widerfahren ist und wie Frau C. sich letzthin aufgeführt hat – klingt doch spannend. Lassen Sie sich nur nicht dazu hinreißen, despektierlich über Dritte, die nicht anwesend sind, zu reden. Und versuchen Sie, falls das andere tun, das Thema zu wechseln. Aber werden Sie nicht zum Moralapostel. Denn verbieten lassen wird sich der Klatsch sowieso nicht. Finden Sie sich damit ab und denken Sie daran, dass „es nur eines gibt, das schlimmer ist, als dass die Leute über einen reden, und das ist, dass sie nicht über einen reden". (Oscar Wilde)

Andere Länder, andere Themen?

Mögen Briten mit schwarzem Humor auch über das Thema Tod plaudern können, so werden Sie sich doch eigentümlich reserviert verhalten, wenn kritische Bemerkungen zur königlichen Familie fallen.

Ähnlich ist es bei Gesprächspartnern aus dem südlichen Italien, wenn Sie verbal die Mafia streifen: Sie werden wahrscheinlich schlicht keine Reaktion erhalten. (Aber die Mafia ist sicherlich auch nicht das ideale Smalltalk-Thema.)

Sind Sie hingegen in den USA unterwegs, dann wundern Sie sich nicht, wenn sich jemand sofort mit dem Vornamen vorstellt („... aber meine Freunde nennen mich Scott."). In den USA finden Sie auf der Liste der Topthemen, die Sie bei keinem Smalltalk außer Acht lassen sollten

- die Firma (und wie lange Ihr Gesprächspartner für diese Firma tätig ist),
- finanzielle Verhältnisse,
- die Herkunft (Stadt und Bundesstaat),
- europäische Vorfahren,
- die Universität, an der Ihr Gesprächspartner studiert hat.

Ich hätte da noch eine Frage: Neulich ist mir doch so ein ...

Für manche Berufsgruppen stellen Smalltalks einen wahren Horror dar – weil das, was wie ein Smalltalk daherkommt, nur Arbeit ist. Z. B. Rechtsanwälte, Ärzte und andere stehen häufig in der Gefahr, dass Gesprächspartner einen (kostenlosen) Ratschlag wünschen. In diesem Falle empfehle ich: „Finde ich hoch interessant, Ihre Frage. Wir sollten uns darüber einmal in meiner Kanzlei (Praxis) unterhalten. Hier ist meine Karte. Bitte lassen Sie sich doch von meiner Sekretärin einen Termin geben."

Visitenkarten – machen Sie sich erreichbar

Sie kennen es sicher auch aus älteren Filmen: Der Butler überreicht auf einem silbernen Tablett seiner Herrschaft eine Karte. Ein Herr steht vor der Tür und bittet vorgelassen zu werden. Bei dieser Karte handelt es sich um eine richtige Visitenkarte. Auf ihr steht allein der Name. Seitdem hat sich manches geändert und auch die Karten. Der Name allein genügt kaum noch. Sie müssen erreichbar sein, wenn Sie geschäftlich unterwegs sind:

- für neue Kunden in der Firma,
- für Geschäftspartner, die Sie einmal im Jahr auf der Messe treffen,
- für interessante Leute, bei denen Sie im Gedächtnis bleiben wollen ...

Die Visitenkarte ist Werbung für Sie

Um gut erreichbar zu sein, müssen Sie mitteilen, wo Sie erreichbar sind. Dazu kann eine Karte beitragen. Darüber hinaus war eine Karte schon immer ein Ausweis der eigenen Reputation: Heute kann die Karte als eine besondere Art von Werbebroschüre bezeichnet werden, auf der Name, Firma und sämtliche Adressen und Telefonnummern im Corporate Design aufgeführt werden. Haben Sie jedoch niemanden, der für Sie die Karte im Design Ihrer Firma entwirft, dann halten Sie sich an folgende Gestaltungsregeln:

- In der Mitte steht Ihr Name, ggf. mit akademischen Titeln,
- rechts unten steht Ihre postalische Adresse (vor allem die geschäftliche) und
- links die Telefonnummern, die E-Mail-Adresse und eventuell die Adresse Ihrer Homepage.

Eine Karte ist heute üblicherweise von der Größe einer Scheckkarte. So passt sie gut in die Brieftasche oder ins Portemonnaie.

Wann zücken Sie die Karte?

Der richtige Zeitpunkt, um die Karte zu überreichen, ist bei einer abendlichen Feier während des Smalltalks beim Aperitif. Nicht unbedingt gleich zu Beginn des Gesprächs – aber warten Sie auch nicht bis zu dessen Ende.

Während des Essens sollten Sie keine Visitenkarten austauschen. Tun Sie es, wenn die Tafel aufgehoben ist. Aber vergessen Sie es bis dahin nicht!

Wenn Sie sich in einer kleinen Gruppe von bis zu fünf Personen unterhalten, sollten Sie nicht nur einer Person Ihre Karte überreichen, sondern auch den anderen. (Es sei denn, es sind Ihre Kollegen.)

Überreichen Sie Ihre Karte nebensächlich. Aber lassen Sie Ihrem Gesprächspartner Zeit, die Karte anzusehen. Wenn Sie eine Karte erhalten, reichen Sie Ihre Karte auch Ihrem Gesprächpartner.

Wie Sie eine Rede schwingen

Wenn Sie sich fragen, wie Sie Ihre Rede für eine Feier (Jubiläum, Verabschiedung eines Abteilungsleiters) vorbereiten, dann bedenken Sie zu allererst, dass eine Rede eine besondere Art der angenehmen Unterhaltung ist. Und auch wenn nur Sie reden: Gehen Sie mit der Vorstellung an Ihre Rede heran, dass Sie einen Dialog führen mit Ihren Zuhörern. (Und Ihr Publikum reagiert auch auf Ihre Worte, wenn auch nonverbal.) Dann stellen Sie sich weiter folgende Fragen:

1. Was will ich mit meiner Rede erreichen?

Wollen Sie erfreuen, belehren, ermahnen oder überzeugen? Das sind vier Möglichkeiten, die sich Ihnen bieten. Vielleicht haben Sie aber noch ganz andere Ziele. Sie können das halten wie Sie wollen. Aber erfreuen sollten Sie eigentlich immer.

2. An wen wende ich mich?

Da ist einerseits die Frage, ob es einen Jubilar gibt oder eine oder mehrere Personen, denen Ihre Rede gilt. Aus dem persönlichen Verhältnis zu diesen (Ist es Ihr Chef oder einer Ihrer Mitarbeiter, sind Sie gut miteinander bekannt oder kennen Sie sich kaum?) ziehen Sie auch Schlüsse auf das Thema und die Art, wie Sie Ihre Rede sprachlich gestalten.

Andererseits ist auch die Anzahl der Zuhörer relevant, weil ein kleiner privater Rahmen auch einen persönlicheren Zugang erlaubt, ein großer Rahmen eher „staatstragende" Worte verlangt.

3. Wie viel Zeit steht mir zur Verfügung?

Bei anderen Gelegenheiten kann auch eine längere Rede Sinn machen. Aber bei Festen und Feiern sollte eine Rede kurz sein; also nie länger als fünf Minuten. Insbesondere dann, wenn es bei einem Empfang ist, wo das Auditorium sich nicht setzen kann.

Halten Sie die Rede während des Menüs zwischen zwei Gängen, dann sollten Sie auch das Personal über die Dauer Ihrer Rede informieren. Nicht dass der nächste Gang Ihnen in die Quere kommt.

4. In welcher Situation werde ich die Rede halten?

Auch ein Raum wirkt sich auf Ihre Rede aus, ob Sie wollen oder nicht. In einem großen Festsaal wirkt eine komödiantische Rede eventuell ganz ungewollt komisch; eine festliche Rede hingegen im Hinterzimmer einer Kneipe hochgestochen. Sehen Sie sich also den Raum möglichst vorher an und stimmen Sie sich darauf ein.

In einem großen Saal haben Sie zusätzlich noch die Schwierigkeit, dass Sie Ihre Zuhörer nicht so gut erreichen mit Ihrer Rede. Wenn es nicht unmöglich ist, so können Sie sie bitten, mit ihren Stühlen näher zu kommen. Vielleicht brauchen Sie ein Mikrophon – aber besser sprechen Sie ohne, vor allem, wenn Sie keine Übung damit haben.

Halten Sie Ihre Rede in einem Restaurant, dann nehmen Sie Rücksicht auf die anderen Gäste. In einem separaten Raum ist das selbstverständlich nicht nötig.

5. Was ist mein Thema?

Das Thema wird nicht nur durch Sie, sondern auch durch die vorhergehenden vier Punkte bestimmt. Vor allem durch den Anlass. Wenn es ein Geburtstag ist, so werden Sie eine Glückwunschrede halten. Ist es eine Beerdigung, so werden Sie erinnern und der Trauer Ausdruck verleihen. Ansonsten lassen Sie Ihre Gedanken schweifen und denken Sie daran, was Sie gerne erreichen wollen.

> Bereiten Sie Ihre Rede gut vor. (Das heißt, Sie dürfen nur dann unvorbereitet sein, wenn Sie spontan aufgefordert werden, eine Rede zu halten.) Und suchen Sie sich eine Testperson aus, an der Sie Ihre Rede schon im Vorfeld ausprobieren.

Wer muss reden?

Bei jeder Veranstaltung gibt es Personen, die allein schon aufgrund Ihrer Funktion eine Rede halten müssen:

- Als Gastgeber sollte es Ihnen selbstverständlich eine Ehre sein die erste Rede zu halten. (Aber sie sollte *sehr* kurz sein.)
- Bei betrieblichen Veranstaltungen spricht der hierarchisch Bedeutendste zumindest eine Begrüßung ganz zu Beginn.
- Und bei einer Hochzeit sollten auf jeden Fall die Eltern des Bräutigams und die Eltern der Braut eine kleine Rede halten (vor und nach dem zweiten Gang beim Festessen).

> Bei größeren Festen gibt es sicher auch mehrere Redner. Daher sollten Sie sich mit diesen oder mit dem Veranstalter abstimmen über die Inhalte und die Reihenfolge.

Wann ist der richtige Zeitpunkt?

Die erste Rede wird traditionell bei einem Festessen vor dem so genannten Bratengang gehalten. Das bringt ein Problem für die Küche und das Personal mit sich, weil sie direkt am Ende der Rede den nächsten Gang heiß servieren müssen. Um das leisten zu können, ist eine klare zeitliche Abstimmung notwendig. Als Redner müssen Sie Ihren zeitlichen Rahmen genau einhalten. Bei einem

- einfachen Menü ist eine Tischrede vor dem Hauptgang möglich. Bei einem
- Menü mit mehr als drei Gängen gibt es genügend Zeit, vor dem Hauptgericht eine Rede zu halten.

An sich kann eine Tischrede zwischen jedem Gang gehalten werden. Der Zeitraum zwischen den ersten beiden Gängen wird nicht gerne gewählt, da die Gäste gerade dabei sind, ihren ersten Hunger zu stillen. Wird später noch eine Rede gehalten, können Sie im Menüablauf auch eine kleine Pause einlegen.

Auf die Plätze – rede los!

Für die konkrete Situation sollten Sie diese Punkte beherzigen:

- Bleiben Sie nicht sitzen, sondern stehen Sie auf.
- Stellen Sie sich an einen Platz (Sie müssen nicht am Tisch stehen bleiben), von dem aus Sie gut gesehen und gehört werden.
- Sie können, um die Aufmerksamkeit Ihrer Zuhörer zu erlangen, mit einem Löffel leicht gegen ein Glas schlagen.
- Halten Sie Ihre Rede möglichst frei.

- Richten Sie Ihren Blick nicht nur auf eine Person, sondern schauen Sie immer wieder in die gesamte Runde. Gilt die Rede einem Ehrengast, wenden Sie die Hauptaufmerksamkeit und Ihre Blicke vor allem ihm zu.

Eine Rede verhindern

Ihrem Bekannten merken Sie schon an, was er vorhat, bevor er es überhaupt tut. Doch dann steht er auf, obwohl er sich nur schwerlich auf den Beinen halten kann: Er will reden, schließlich ist so eine Hochzeit ein guter Anlass. Und schon erhebt er einen Löffel, um für Ruhe zu sorgen. Die ersten Köpfe wenden sich ihm belustigt zu. Was tun Sie? Greifen Sie ein oder werden Sie die Pein still ertragen?

Versuchen Sie Ihren Bekannten abzuhalten, indem Sie sich hinter ihn stellen und in ein Gespräch verwickeln. Vielleicht können Sie ihm dann auch sagen, dass es nicht mehr angemessen ist, jetzt noch eine Rede zu halten.

Charmant und bestimmt an Telefon und Handy

Das Telefon kann zur Last fallen, wenn es ständig klingelt und die Arbeit liegen bleibt. Und wenn dann bei Ihnen der zwanzigste Anruf eingeht und der gilt noch nicht mal Ihnen, können Sie da noch höflich und freundlich bleiben?

Wie Sie ein Telefonat vorbereiten

Legen Sie sich eventuell benötigte Unterlagen zurecht und klären Sie ab, wen genau Sie sprechen wollen. Legen Sie sich Stift und Papier bereit, um gegebenenfalls etwas notieren zu können und stellen Sie sich gedanklich auf das Gespräch ein.

Haben Sie Ihren Gesprächspartner erreicht, dann

- begrüßen Sie ihn mit freundlichen Worten: „Einen schönen guten Tag, hier spricht *(Vorname Nachname)*",
- sprechen Sie klar und verständlich,
- achten Sie auf eine positive Grundeinstellung,
- kommen Sie schnell zum Grund Ihres Anrufs
- und gehen Sie am Ende des Telefonats – in einer Zusammenfassung – die wichtigen Punkte noch einmal durch, damit keine Missverständnisse entstehen.
- Schließlich verabschieden Sie sich freundlich, danken für das Gespräch und wünschen noch einen schönen Tag.

Besondere Regeln für das Handy

Das Handy hat den großen Vorteil, dass Sie immer erreichbar sind. Andererseits sind Sie auch erreichbar, wenn es sehr unpassend ist. Zum Beispiel, wenn Sie an einem Meeting teilnehmen oder gerade in einem Restaurant speisen oder in einem öffentlichen Verkehrsmittel unterwegs sind.

Um hier nicht zu stören, sollten Sie die Möglichkeiten, die ein Handy bietet, nutzen:

- Schalten Sie den Klingelton ab und das Lichtsignal oder den Vibrationsalarm ein.
- Verlassen Sie für die Dauer des Telefonats den Raum (wenn Sie das Gespräch unbedingt entgegennehmen müssen).
- Aktivieren Sie die Rufumleitung auf Ihre Mailbox, damit Ihnen Anrufer eine Nachricht hinterlassen können.

Sie brauchen übrigens nicht lauter als sonst zu sprechen, können sogar relativ leise sprechen (wenn die Nebengeräusche nicht zu groß sind), da die Mikrophone der Handys sehr sensibel sind.

Wo das Telefonieren tabu ist

Es gibt einige Orte, an denen Sie weder jemanden anrufen noch ein Gespräch entgegennehmen sollten. Das ist zum Beispiel

- in einer Kirche, Synagoge oder Moschee, und zwar nicht nur während des Gottesdienstes, sondern auch dann, wenn Sie zur Besichtigung dort sind,
- in oder bei Gedenkstätten,
- beim Museumsbesuch,
- in Krankenhäusern
- und auf Friedhöfen.

Schalten Sie Ihr Handy ab, wenn ...

- Sie im Theater oder in der Oper einer Aufführung beiwohnen, aber auch wenn
- Sie sich im Kino einen Film ansehen.

Sollten Sie vergessen haben, Ihr Handy abzuschalten, und es erreicht Sie ein Anruf, nehmen Sie ihn auf keinen Fall entgegen. Aber schalten Sie Ihr Handy jetzt auf jeden Fall ab. Rufen Sie in der Pause oder nach der Aufführung zurück und bitten Sie um Entschuldigung.

Anrufbeantworter und Mailbox

Es sind zwar zwei verschiedene Namen – aber es erfüllt doch die gleich Funktion: Anrufbeantworter und die Mailbox Ihres Handys. Einerseits gibt es einen Ansagetext, andererseits kann der Anrufer eine Nachricht hinterlassen.

Bevor Sie einen Text für die Ansage aufsprechen, überlegen Sie, was alles genannt sein muss. Grundlegend sind diese Punkte: Nennen Sie Ihren Namen und den Namen Ihrer Firma (wenn es Ihr geschäftlicher Anrufbeantworter ist). Sprechen Sie die Zeiten, zu denen Sie erreichbar sind (dann aber auch wirklich erreichbar sein müssen), auf das Band und (wenn es Ihr Anrufbeantworter ist) die Mobilfunknummer.

> Gestalten Sie auch die Ansage Ihrer Mailbox mit der eigenen Stimme von vorn bis hinten.

Nicht mehr üblich ist der Satz „Ich rufe Sie baldmöglichst zurück". Sie versprechen damit etwas, was Sie wahrscheinlich nur selten halten können.

Wenn Sie jemandem eine Nachricht hinterlassen, geben Sie neben Ihrem Namen den Grund des Anrufes und eine Telefonnummer an, unter der Sie erreichbar sind.

Ein Handy ist kein Gürteltier

Die Art, wie Sie Ihr Handy tragen, muss zwei Aspekten genügen: Es muss gut geschützt sein, denn ein Handy ist nicht das robusteste Gerät. Und Sie sollten es griffbereit haben, sonst ist der Anruf weg. Tragen Sie es in der Extratasche eines Rucksacks, haben Sie es griffbereit. Aber wer trägt im Berufsleben einen Rucksack? Im Aktenkoffer hingegen ist es geschützt. Dafür hören Sie das Klingeln nicht immer. Es ist ein Problem, das noch der Lösung harrt. Nur eins ist klar: Die ungemein praktische Handyhalterung für den Gürtel bleibt Hausmeistern und Zivildienstleistenden vorbehalten.

Netikette: Immer munter mailen?

Einerseits ein Segen für die berufliche Kommunikation: Per E-Mail können Sie schnell einen kurzen Gruß oder ein Anschreiben verfassen und dann das Protokoll der letzten Sitzung als Attachement hinzufügen. Andererseits ein Fluch: In wie vielen E-Mail-Verteilern sind Sie? Und wenn Sie ein paar Tage Urlaub genommen haben, quillt das elektronische Postfach über. Achten Sie auf folgende Regeln, um die Kommunikation per E-Mail zu straffen und dabei gleichzeitig einen gepflegten Umgang zu etablieren:

- Trennen Sie private und geschäftliche E-Mails. Denn falls Sie für einige Tage erkranken sollten und ein Kollege zwischen privaten nach den wichtigen geschäftlichen E-Mails suchen muss, tun Sie ihm sicherlich keinen Gefallen.
- Reduzieren Sie den Datenmüll. Senden Sie E-Mails nur an die Personen, die sie auch wirklich angehen. Wenn Sie Ihrerseits E-Mails erhalten, die für Sie schlichtweg irrelevant sind, so teilen Sie das dem Absender mit (bzw. sorgen Sie dafür, dass Sie aus dem entsprechenden Verteiler genommen werden).
- Achten Sie auf exakte Angaben in der Betreffzeile! So verhelfen Sie Ihren E-Mails zu einer angemessenen Aufmerksamkeit bei Ihren Adressaten.
- Da eine gesendete Mail nicht mehr zurückgeholt werden kann (auch wenn es diese Funktion gibt): Erst denken, dann schreiben, dann lesen, nochmals denken und dann abschicken.
- Halten Sie Ihre Texte kurz. Aber nicht so kurz, dass die E-Mail nachher einem Rätsel gleicht.
- Benutzen Sie einen freundlichen Umgangston. Formulieren Sie immer eine Anrede und einen Gruß.
- Halten Sie sich an die gültigen Schreibformen (zur Zeit DIN 5008).

Eine E-Mail ist kein Sattelschlepper

Wenn Sie eine E-Mail schicken wollen mit einer umfangreichen Datei im Anhang, dann fragen Sie erst an, ob und wann Sie diese senden können. So helfen Sie dem Empfänger auch, eine Überlastung seines Computers zu vermeiden.

Emoticons – Gefühle in Klammern und Punkten

Im Internet hat sich als Ergänzung zu Buchstaben eine Bildsprache eingebürgert, die recht einfach verständlich ist und nur aus Zeichen zusammengesetzt ist, wie Sie sie auf jeder Tastatur finden: Hier die wichtigsten (aber Ihrem Erfindungsreichtum ist keine Grenze gesetzt):

Zeichen für Glück und Freude	
:-)	glücklich
:-))	sehr glücklich
:-))))	überglücklich
:-D	breites Lachen
:'-) oder :.-)..	vor Freude weinen
,-)	mit dem einen Auge blinzeln
;-)	augenzwinkernd, „war nicht so ernst gemeint"
Ein Zeichen für die Zärtlichkeit	
:-*	Kuss

Zeichen für Enttäuschung und Skepsis	
:-<	enttäuscht
:-&	sprachlos
:-#	Lippen sind versiegelt, es wird nichts verraten
:-/	skeptisch, „na ja!"
':-/	sehr skeptisch!
Zeichen für Trauer und Verwirrung	
:-(	traurig, „finde ich schade!"
:-((	sehr traurig
:'-(oder :.-(	weinen
:~-(	heulen
:-%	verwirrt
:..-(...	in Tränen aufgelöst
Zeichen für Ärger und Wut	
:-o oder :-O	erschrocken, erstaunt, verwundert
:-|	verärgert, verstimmt, „darüber kann ich nicht lachen ..."
:-P	streckt Zunge heraus
>:-&	wütend
):-)	hämisches Grinsen

Zeichen für Befindlichkeit und Gesundheit	
:-~)	erkältet
:-c	elend
:-C	hundeelend
(:-$	krank

Was Sie nie schreiben, aber verstehen sollten

Abkürzungen sind hin und wieder zweckmäßig, selten schön und nie höflich. Denn Sie schließen immer andere aus, denen die Abkürzungen nicht bekannt sind. Und das sollte ein höflicher Zeitgenosse – zumindest im gesellschaftlichen Umgang – nicht tun. Aber da sie nun einmal verwendet werden, seien hier einige dieser im Internet und als Short Messages üblichen Abkürzungen ausgeführt:

cu	see you (wir sehen uns)
ICU I	see you (wir sehen uns)
afa-ik	as far as I know (soweit ich weiß)
asa-p	as soon as possible (so bald wie möglich)
brb	be right back (bin gleich zurück)
fyi	for your information (zu deiner Information)

fyeo	for your eyes only (nur für deine Augen – nur für dich bestimmt)
lol	laughing out loud (laut auslachen)
rofl	rolling on the floor laughing (sich vor Lachen am Boden kugeln)

Teil 2: Peinliche Situationen meistern

Vorwort

„Oh wie peinlich!" Da stoßen Sie bei einem feierlichen Essen versehentlich ein Glas um – und der Rotwein ergießt sich auf die Hose Ihres Nachbarn. Sie verwechseln Namen, Türen, Fremdwörter. Ihnen rutscht eine geschmacklose Bemerkung heraus oder die Hose herunter.

Peinliche Situationen lauern überall, sie lassen sich gar nicht vermeiden. Umso weniger, wenn Sie viel mit Menschen zu tun haben, womöglich auch mit Menschen aus einem anderen Kulturkreis, die ein ganz anderes Peinlichkeitsempfinden haben.

Dieser TaschenGuide will Ihnen helfen, solche Situationen zu meistern. Viele Ratgeber sagen Ihnen ja nur, wie Sie nicht in peinliche Situationen hineingeraten. Hier erfahren Sie, wie Sie wieder herauskommen: ob Sie jemanden falsch begrüßt oder sich ungeschickt verabschiedet haben, ob Sie beim Lügen ertappt wurden oder jemandem aus einer peinlichen Situation heraushelfen möchten. Dabei werden Sie hoffentlich feststellen, dass peinliche Situationen durchaus ihre vergnüglichen Seiten haben – wenn man sie nämlich einigermaßen unbeschadet übersteht und hinterher mit wohligem Schaudern davon erzählt.

Dr. Matthias Nöllke

Wie entstehen peinliche Situationen?

Bevor wir uns damit beschäftigen, wie Sie peinliche Situationen meistern, müssen wir klären, was Peinlichkeit überhaupt ist. Warum entsteht sie, und warum brennen sich peinliche Situationen in unser Gedächtnis ein wie kaum ein anderes Erlebnis?

In diesem Kapitel lesen Sie,

- wie eine Situation kippen kann,
- was in einer peinlichen Lage körperlich mit uns geschieht und
- dass Peinlichkeit ansteckend ist.

Was ist Ihnen peinlich?

Jeder Anfang hat für mich etwas Peinliches.

Ernst Eckstein, deutscher Schriftsteller (1845–1900)

Wir alle kennen peinliche Situationen und versuchen, sie zu vermeiden. Vergeblich. Sie lauern uns immer wieder auf und bringen uns in Verlegenheit. Und zwar sehr oft gerade dann, wenn wir am wenigsten damit rechnen, weil wir uns so sicher fühlen.

Beispiel:

Sie haben sich gründlich auf diese Rede vorbereitet. Unter dem Beifall des Publikums schreiten Sie ans Pult, legen sich Ihr Manuskript zurecht, holen tief Luft und wollen beginnen – mit Ihrem ersten knalligen Satz. Da versagt Ihnen die Stimme. Aus Ihrer Kehle kommt nur ein heiseres Krächzen. Die Zuhörer lachen.

Bei einem Stadtspaziergang entdecken Sie auf der anderen Straßenseite einen alten Bekannten. Sie winken ihm zu. Und als Sie in freudiger Erwartung die Straße überqueren, bemerken Sie, dass es sich um einen Unbekannten handelt. Ihre Gesichtszüge erstarren, verlegen stammeln Sie eine Entschuldigung und entfernen sich rasch.

Mit einer Kollegin lästern Sie ausgiebig über Ihren Vorgesetzten. Sie äffen seine Art nach, Ihre Kollegin schüttet sich aus vor Lachen. Da bemerken Sie, dass sich noch jemand im Raum befindet und gedankenverloren aus dem Fenster schaut. Als derjenige sich umwendet, blicken Sie in die eisgrauen Augen Ihres Vorgesetzten.

Ein Freund möchte Ihnen eine Freude machen und hält auf Ihrer Geburtstagsfeier eine Rede auf Sie. Leider schätzt er seine rednerischen Fähigkeiten völlig falsch ein, die Rede zieht sich und zieht sich und zieht sich ... die ersten Gäste verlassen den Raum.

Solche Begebenheiten sind uns peinlich. Warum eigentlich?

Es handelt sich um vier sehr unterschiedliche Situationen.

1 Etwas misslingt Ihnen, auf das Sie in diesem Moment viel Wert legen.
2 Ihnen unterläuft ein Irrtum, durch den sich niemand gekränkt fühlen muss.
3 Sie setzen ausgerechnet denjenigen herab, der glauben soll, dass Sie ihn hoch schätzen.
4 Sie schämen sich für einen anderen, der Ihnen nur etwas Gutes tun wollte.

Der Kipp-Effekt

Was allen vier Situationen gemeinsam ist: Zunächst scheint alles in bester Ordnung zu sein. Doch plötzlich kippt die Situation (s. den Abschnitt „Wenn die Situation entgleist"): Sie selbst oder jemand anders stehen auf einmal nicht mehr so glänzend da. Der positive Eindruck, den derjenige eben noch machen konnte, ist wie weggewischt. Oder es sind die Erwartungen, die gründlich enttäuscht werden. Auch hier kippt die Situation. Mit einem Mal erscheint alles ganz anders. Peinliche Situationen kündigen sich nicht an. Sie treten ohne Vorwarnung ein und überstrahlen sofort alles andere. Es zeichnet sie aus, dass sie für uns nicht absehbar waren.

Alles spielt sich in Ihrem Kopf ab

Der zweite entscheidende Aspekt: Ob eine Situation peinlich ist oder nicht, das entscheidet sich in den Köpfen der Beteiligten. Jemand muss die ganze Angelegenheit peinlich finden, sonst ist sie es nicht. Umgekehrt heißt das: Die Situation kann in Ihren Augen noch so harmlos sein. Sobald Ihr Gegenüber sie als peinlich empfindet, ist sie es.

Was Menschen peinlich finden, das unterscheidet sich mitunter beträchtlich. Manchen ist etwas unsagbar peinlich, was anderen eher nebensächlich vorkommt. Das heißt aber nicht, dass Peinlichkeit etwas Willkürliches ist und wir es uns aussuchen können, was wir peinlich finden. Das ist gerade nicht so, wie wir noch sehen werden. Es bedeutet vielmehr, dass wir unsere Sicht der Dinge nicht absolut setzen dürfen.

„Warum stellt der sich so an? Da ist doch gar nichts dabei!" Solche Äußerungen sind völlig ungeeignet, eine peinliche Situation zu entschärfen. Im Gegenteil, dadurch wird sie für den Betroffenen erst recht unerträglich.

Kulturelle Unterschiede

In jeder Kultur gibt es Verhaltensweisen, die in bestimmten Situationen als angemessen gelten. Wenn Sie davon abweichen, kann es sehr schnell peinlich werden. Dabei sind zwei Aspekte bemerkenswert, die die Ethnologen in den unterschiedlichsten Kulturen beobachtet haben:

- Gehören Sie offensichtlich einer anderen Kultur an, werden an Ihr Verhalten weniger strenge Maßstäbe angelegt. In begrenztem Umfang wird Ihnen sogar zugestanden, Tabus zu verletzen. Aber Sie bleiben immer ein Außenseiter und Exot.
- Ordnet man sich einer ähnlichen oder der gleichen Kultur zu, treten Peinlichkeiten viel häufiger auf.

Beispiel:

Benimmtrainer, die Geschäftsleute schulen, berichten, dass Deutsche vor allem im Umgang mit britischen Verhandlungspartnern patzen. Englisch ist die Fremdsprache, die sie am besten beherrschen. Daher erscheint ihnen ihr Gesprächspartner halbwegs vertraut. Zu Unrecht unterstellen sie, dass bei den Briten die gleichen Gepflogenheiten gelten wie bei den Deutschen und äußern beispielsweise im Small Talk Ansichten, die von den Briten als viel zu persönlich empfunden werden.

Wir brauchen eine gemeinsame Grundlage

Wenn Angehörige aus unterschiedlichen Kulturen zusammentreffen, stellt sich folgendes Problem: Um überhaupt miteinander umgehen zu können, brauchen sie eine gemeinsame Grundlage. Daher bilden sie recht schnell so etwas wie einen Verhaltenskodex aus. Wer davon abweicht, der kann wiederum schnell peinlich wirken. Das fängt beim Begrüßungsritual an. So kann es sich etwa zwischen einer Gruppe von Deutschen und Japanern einspielen, dass man sich zur Begrüßung mit einem kurzen Nicken die Hand gibt. Wer in so einer Situation sein Gegenüber auf die japanische Art mit einer tiefen Verbeugung begrüßt, löst Irritationen aus.

Die feinen Unterschiede

Auch innerhalb einer Kultur gibt es beträchtliche Unterschiede in Hinblick darauf, was als peinlich betrachtet wird. Mit erheblichen Folgen: Empfinden Sie eine bestimmte Sache als peinlich oder gerade nicht als peinlich, kann das darüber Aufschluss geben, welcher gesellschaftlichen Gruppe oder Schicht Sie angehören (s. „Rituale und Konventionen").

Beispiel:

> In mancher Runde dürften Sie zustimmendes Gelächter ernten, wenn Sie von Ihrer feucht-fröhlichen Urlaubsreise berichten und auch nicht verschweigen, wie viel oder wenig Sie der Spaß gekostet hat. In anderen Kreisen werden solche Einlassungen als ausgesprochen peinlich empfunden.

Zugleich grenzen sich die unterschiedlichen „Kreise" voneinander ab. Was in dem einen Milieu hoch schätzt wird, gilt bei dem anderen als „peinlich" – zumindest für die „eigenen Leute". Das betrifft beispielsweise bestimmte Kleidungsstücke, Frisuren, die Musik oder die Filme, die man mag, und natürlich auch die Bücher, die man liest.

Beispiel:

> In einem bildungsbürgerlichen Milieu könnten Sie auf betretenes Schweigen stoßen, wenn Sie von diesem „fantastischen neuen Musical" schwärmen und die Runde nachdrücklich auffordern: „Das müssen Sie sich ansehen! Ich habe geweint wie ein Schlosshund!"

Peinliche Gefühle verstehen

Peinliche Situationen zeichnen sich vor allem dadurch aus, dass ein ganz bestimmtes Gefühl von Ihnen Besitz ergreift: ein Gefühl von Hilflosigkeit und Beschämung. Die Situation würden Sie am liebsten ändern oder ungeschehen machen. Aber genau das können Sie nicht. Dieses Gefühl ist es, das wir verstehen müssen, um peinliche Situationen zu meistern. Denn dieses Gefühl müssen wir überwinden.

Schmerzhafte Erfahrungen

Peinliche Situationen können regelrecht wehtun. Das sagt schon das Wort. Peinlich – früher hieß das nichts anderes als schmerzhaft. Das „peinliche Verhör" im Mittelalter war keine Vernehmung, bei der besonders indiskrete Fragen gestellt wurden, sondern dabei wurden Folterinstrumente eingesetzt.

Seine Wurzel hat das Wort „peinlich" im lateinischen „poena", das so viel bedeutet wie „Strafe". Und als Strafe kann man peinliche Situationen durchaus sehen – als eine Strafe, die von innen kommt.

Auch der Ausdruck „pingelig" gehört zur Wortfamilie. Er besagt in etwa das Gleiche wie „peinlich genau". Wer „pingelig" ist, der bemüht sich, den kleinsten Fehler zu vermeiden, und geht daher besonders sorgfältig vor.

Unser Inneres wird geflutet

Peinlichkeit ist überwältigend. In einer peinlichen Situation wird unser Innenleben von diesem Gefühl regelrecht überschwemmt. Wir verlieren unsere Souveränität, können nicht mehr in Ruhe nachdenken, und wir haben nur den einen Wunsch: dass diese Situation endlich aufhören soll.

Wir versuchen uns so schnell wie möglich dieser Situation zu entziehen. Wir legen den Telefonhörer auf oder wir entfernen uns rasch – wie im Beispiel mit dem verwechselten Bekannten. Wir sind rein körperlich nicht in der Lage, souverän das Gespräch zu beenden. Wir geraten ins Stammeln und bringen es kaum fertig, sicheren Schrittes davonzugehen.

Der innere Peinlichkeitsstempel

Alles, was wir erleben, wird sofort emotional bewertet: als angenehm oder unangenehm. Auf diese Weise bekommt jede Erfahrung ihren Stempel. Je ausgeprägter der Stempel, umso besser behalten wir das betreffende Erlebnis im Gedächtnis. Es brennt sich uns förmlich ein.

Genau das geschieht in einer peinlichen Situation. Der innere Peinlichkeitsstempel hinterlässt tiefe Spuren, zumal wenn starke Gefühle wie Angst oder Scham damit verbunden sind. Wenn uns etwas richtig peinlich ist, dann behalten wir es in Erinnerung, manchmal verfolgt es uns ein Leben lang.

Das kann sehr belastend sein. Doch liegt darin auch ein gewisser Sinn. Die Erfahrung ist so wichtig für uns, dass sie nicht verloren gehen soll. Wir werden in Zukunft alles tun, um so etwas nicht noch einmal durchstehen zu müssen. Eine peinliche Situation kann Ihr Leben verändern.

> Peinliche Situationen geben uns darüber Aufschluss, worauf wir besonderen Wert legen. Darin liegt die Chance, dass wir mehr über uns selbst erfahren.

Eine angemessene Reaktion

Wenn wir eine peinliche Situation durchlebt haben, dann ärgern wir uns später über unser Verhalten. Hätten wir nicht anders reagieren können? Abgeklärter, gelassener, mit einer gewissen Coolness? In einigen Situationen wäre das bestimmt hilfreich, aber für alle gilt das ganz gewiss nicht. Wie wir noch sehen werden, ist es manchmal genau die angemessene Reaktion, sich peinlich berührt zu zeigen.

Wem gar nichts peinlich ist, wer immer nur abgeklärt und cool reagiert, der ist uns unsympathisch, ja auch ein wenig unheimlich. Wie es Gotthold Ephraim Lessing ausgedrückt hat: „Wer über gewisse Dinge den Verstand nicht verliert, der hat keinen mehr zu verlieren." Wenn wir von jemandem behaupten, er sei „peinlich", dann geht ihm nach unserem Empfinden genau das ab: das Gespür für Peinlichkeit. Er hätte allen Grund, beschämt zu sein, stattdessen zeigt er sich völlig unbekümmert.

Sich mit den Augen der anderen sehen

Was peinliche Situationen auszeichnet, das ist, dass sie immer mit unseren Mitmenschen zu tun haben. Wenn wir mit uns allein sind, kennen wir keine peinlichen Gefühle. Wir können uns selbst zwar als unverständlich oder fremd erleben, nicht jedoch als peinlich. Auch in unserer Entwicklung müssen wir erst eine bestimmte Reife erlangen, ehe wir etwas als peinlich empfinden können.

Warum kleinen Kindern nichts peinlich ist

Kleine Kinder betrachten sich selbst als Zentrum des Universums. Sie gehen davon aus, dass jeder so denkt und fühlt wie sie. Noch haben sie nicht die Fähigkeit entwickelt, sich selbst mit den Augen der anderen zu sehen. Diese ist aber die Voraussetzung dafür, sich von einer bestimmten Situation peinlich berühren zu lassen.

Zwei Selbstbilder

In einer peinlichen Situation haben wir oftmals zwei Dinge gleichzeitig im Blick:

- das Bild, das wir von uns bei den anderen erzeugen möchten,
- das Bild, das wir nach unserer Überzeugung für die anderen abgeben.

Stimmen diese beiden Bilder nicht überein, dann entsteht das peinliche Gefühl. Denn wir können das Bild, das wir abgeben möchten, nicht mehr aufrechterhalten. Stattdessen zeigen wir ein völlig anderes Bild. Was uns peinigt, das ist immer, dass andere uns „so" sehen könnten – nämlich so, wie wir meinen, dass wir auf die anderen wirken.

Wie wir körperlich reagieren

Das Gefühl von Peinlichkeit bringt eine bemerkenswerte Bandbreite von Reaktionen hervor. Das spiegelt sich auch in unserer Mimik wider. Wie der Psychologe Paul Ekman festgestellt hat, gibt es für peinliche Gefühle kein eindeutiges Signal wie etwa für Wut oder Angst. Vielmehr lassen sich vielfältige Reaktionen beobachten. Dass wir peinlich berührt sind, offenbart sich erst über einen gewissen Zeitraum. Dennoch lassen sich drei typische Reaktionen beschreiben:

1. Wir erröten.
2. Wir vollführen sinnlose Gesten.
3. Wir vermeiden Blickkontakt.

Das peinliche Erröten

Unsere Gesichtsfarbe färbt sich rot, weil sich die Blutgefäße unter der Haut sehr schnell ausdehnen. Dadurch strömt mehr Blut durch die Adern und die Haut erscheint gerötet. Wir selbst nehmen unser Erröten so wahr, dass unser Gesicht heiß wird. Wir meinen, dass wir „glühen". Dabei nimmt die Temperatur nicht einmal um 1 °C zu. Nach etwa 15 Sekunden ist unser Gesicht maximal aufgeheizt, dann sinkt die Temperatur wieder. Nach einer Minute ist der Spuk vorbei.

Egal, ob wir im Gesicht rot oder fleckig werden, ob die Ohren oder der Hals ebenfalls erglühen, immer sind es Körperpartien, die unverhüllt sind. Daher liegt es nahe anzunehmen, dass Erröten den Sinn hat: Alle sollen es sehen. Das glaubt auch Paul Ekman, der das Erröten für eine Art Beschwichtigungssignal hält. Wer sich schamvoll verfärbt, der ist ungefährlich. Er greift nicht an und wird selten angegriffen.

Sinnlose Gesten

Peinliche Situationen versetzen uns in Stress. Unser Denken wird eingeengt, die Aufmerksamkeit richtet sich nur noch auf unser Missgeschick. Wir können keinen klaren Gedanken fassen, sind handlungsunfähig. Stattdessen vollführen wir nervöse Bewegungen, die eigentlich keinen Sinn ergeben. Manche fahren sich durch die Haare oder bringen ihre Kleidung in Ordnung, andere putzen linkisch ihre Brille oder drücken auf ihrem Kugelschreiber herum. Auch das scheinbar völlig unmotivierte Lachen oder das „Stressgrinsen" gehört in diesen Zusammenhang.

Ein ähnliches Verhalten hat man auch bei Tieren beobachtet. Dort spricht man von „Übersprungshandlungen". Wenn ein Tier daran gehindert wird, eine bestimmte Handlung auszuführen, rettet es sich in eine Ersatzhandlung, die für sich betrachtet keinen Sinn ergibt.

Der ausweichende Blick

Wenn es peinlich wird, können wir unseren Mitmenschen nicht mehr in die Augen sehen. Wir senken den Blick oder starren irgendwohin, an die Wand oder aus dem Fenster, wo uns kein anderer Blick begegnen kann. Manche betrachten auch interessiert ihre Hände oder ihre Schuhspitzen. Dabei schweift der Blick nicht umher, sondern richtet sich starr auf einen bestimmten Punkt. Dieser Peinlichkeitsblick wird im Allgemeinen sehr gut verstanden. Die Botschaft heißt: „Lasst mich in Ruhe, bis ich wieder handlungsfähig bin." Würden wir hingegen in dieser Situation den Blickkontakt der anderen suchen, wäre das ein Appell: „Kommt her und helft mir!"

Eine sich verstärkende Reaktion

Wie wir auch immer auf die peinliche Situation reagieren, unser Verhalten entzieht sich unserer Kontrolle und lässt sich daher kaum vortäuschen. Dabei haben wir meist das gegenteilige Interesse: Wir bemühen uns zu verbergen, dass uns etwas peinlich berührt. Doch genau dadurch verstärken wir noch den Eindruck. Wenn wir merken, dass wir rot werden oder anfangen zu stottern, schämen wir uns noch mehr. Und wir geraten immer tiefer in den Abgrund der Peinlichkeit hinein.

Wie wir uns wieder fangen

Um peinliche Situationen zu meistern, müssen wir ihre innere Mechanik begreifen. Dazu gehört einmal, dass wir uns klarmachen: Wenn die Situation ins Peinliche kippt, sind wir in der Regel erst einmal nicht imstande, angemessen zu reagieren. Wir sind blockiert. Und wenn wir das ignorieren und uns bemühen, uns umgehend am eigenen Schopf aus dem Sumpf der Peinlichkeit herauszuziehen, endet das in einem Desaster.

Erst einmal ruhig durchatmen

Wir müssen uns Zeit geben. Solange das Gefühl der Peinlichkeit noch durch unseren Körper brandet, können wir eine souveräne Reaktion, eine überlegte Richtigstellung oder eine schlagfertige Replik vergessen. Schlimmer noch: Wir werden uns elend fühlen, wenn wir es versuchen und damit scheitern. Scheitern müssen, denn kein Mensch ist dazu in der Lage: souverän zu antworten, während er sich gleichzeitig in Grund und Boden schämt.

Die Lösung heißt also: abwarten, erst einmal gar nicht reagieren, sich sammeln. Die Welle der Peinlichkeit ebbt ganz von allein wieder ab. Sie müssen sie nur ausrollen lassen. Wie viel Zeit das in Anspruch nimmt, hängt davon ab, *wie* peinlich die Situation für Sie ist. Bei den „kleinen Peinlichkeiten", die wir im nächsten Kapitel näher beleuchten, kann das sehr schnell gehen – vor allem, wenn Sie in etwa wissen, wie Sie die Situation wieder bereinigen können. Unter Umständen fällt es Ihrem Gegenüber gar nicht auf, dass Sie da gerade eine peinliche Situation gemeistert haben.

Bei den „großen Peinlichkeiten", denen wir uns im dritten Kapitel zuwenden, geht es hingegen meist um Schadensbegrenzung. Sie können nicht erwarten, als strahlender Held aus so einer Situation hervorzugehen. Aber Sie können sehr viel dafür tun, die Sache nicht ausufern zu lassen.

Sich einen inneren Schutzschild aufbauen

Sehr hilfreich ist in diesem Zusammenhang die Vorstellung von einem inneren Schutzschild. Die Kommunikationstrainerin Barbara Berckhan spricht von einem „inneren Aufprallschutz". Damit ist anschaulich beschrieben, wie Sie peinliche Situationen innerlich abfedern können.

Stellen Sie sich Ihren Schutzschild möglichst konkret vor, als Plexiglashaube, Schutzanzug oder gepanzerte Kapsel. In der betreffenden Situation bauen Sie diesen Schutzschild auf: Sie stellen sich vor, wie Sie hinter diesem Schild in Sicherheit sind. Sie können alles sehen und hören, aber Ihnen kann nichts passieren. Die anderen können mit ihren Fäusten auf der Glasglocke herumtrommeln, die Schläge treffen Sie nicht. Sie können in aller Ruhe überlegen, wie Sie reagieren wollen.

Einen inneren Schutzschild können Sie in einer peinlichen Situation nicht einfach so aus dem Hut zaubern. Er muss regelrecht eingeübt werden. Das können Sie im stillen Kämmerlein tun, damit er Ihnen im Ernstfall zu Verfügung steht.

Peinlichkeit als Waffe

Dass wir peinliche Situationen vermeiden, wissen natürlich auch solche Mitmenschen, die es weniger gut mit uns meinen. Manche versuchen ganz gezielt, uns in Verlegenheit zu bringen, eine peinliche Situation herbeizuführen, die sich in unser Gedächtnis einbrennt. Sie möchten erreichen, dass wir in Zukunft solche Situationen meiden – oder zumindest passiv bleiben. Darüber hinaus machen wir in peinlichen Situationen häufig keine gute Figur. Führungskräfte, die in solchen kritischen Momenten die Fassung verlieren, büßen ihre natürliche Autorität ein. Ja, sie können „untragbar" werden, wenn sie sich richtig blamieren.

Souverän durch das Stahlbad der Peinlichkeit

Auf der anderen Seite können Sie Ihre Stellung als Führungskraft (und Ihre Reputation insgesamt) enorm festigen, wenn Sie sich durch peinliche Situationen nicht in Verlegenheit bringen lassen. Bleiben Sie in dieser schwierigen Lage souverän und behalten die Nerven, dann erwerben Sie sich sehr viel Respekt. Ja, manchmal gelingt es Ihnen erst durch so eine Bewährungsprobe, die nötige Anerkennung zu erwerben.

Beispiel:

Von seiner Firma wird Herr Ahrens auf eine Diskussionsveranstaltung mit Umweltschützern geschickt. Er ist der einzige Vertreter der Industrie. Ihm schlägt offene Feindseligkeit entgegen. Doch bleibt er gelassen und schlägt sich respektabel. Seine Vorgesetzten und seine Mitarbeiter sind von seiner Souveränität beeindruckt.

Sie brauchen ein dickes Fell

Wenn Sie Führungsverantwortung übernehmen, dann dürfen Sie sich von peinlichen Situationen nicht umwerfen lassen. Das heißt nicht nur, dass Sie aus Verlegenheiten halbwegs unbeschädigt wieder herauskommen sollten. Sie dürfen sich davon auch nicht allzu sehr beeindrucken lassen. Die Peinlichkeiten müssen an Ihnen abprallen. Sie dürfen sich eine Blamage nicht zu Herzen nehmen.

> Für Führungskräfte ist es ein absolutes Muss, mit peinlichen Situationen souverän umzugehen. Dazu gehört auch, eine Blamage wegzustecken.

Peinlichkeit ist ansteckend

Ein wichtiger Aspekt, um Peinlichkeit zu verstehen: Es gibt kaum ein anderes Gefühl, das geeignet ist, so starke Anteilnahme auszulösen. Wir ertragen es kaum, wenn sich jemand in unserer Gegenwart in Grund und Boden schämt. Peinlichkeit durchdringt die ganze Situation. Alle Beteiligten fühlen sich unbehaglich und auch ein wenig beschämt. Nach Möglichkeit vermeiden wir, dass es überhaupt so weit kommt und sich unser Gesprächspartner schämen muss. Wir versuchen, ihm eine Blamage zu ersparen, und helfen ihm bereitwillig aus einer peinlichen Lage wieder heraus. Nicht allein aus reiner Menschenfreundlichkeit, sondern auch, weil die Situation für uns sehr unangenehm ist.

Wer sich beschämt zeigt, darf auf Milde hoffen

Grundsätzlich stimmt es uns milde, wenn jemand nach einem Fehler Schamgefühle zeigt. Wir haben es bereits angesprochen: Wer rot wird, der sendet ein Beschwichtigungssignal aus, das in der Mehrzahl der Fälle so verstanden wird: Lasst ihn in Ruhe.

Es ist ein tief verwurzelter Mechanismus: Angeklagte, die sich ihrer Tat schämen, kommen mit einer milderen Strafe davon, wie die Psychologen Dacher Keltner und Lee Ann Harker von der Universität Berkeley herausgefunden haben. Der gleiche Effekt ist am Werk, wenn wir mit ungezogenen Kindern oder unhöflichen Erwachsenen zu tun haben. Werden sie verlegen, kann man ihnen kaum noch böse sein.

Die Lust an der Beschämung

Die wichtige Ausnahme: Jemand betreibt aktiv die Bloßstellung des anderen, benutzt wie erwähnt Peinlichkeit als Waffe. Dann will er genau das erreichen, er möchte, dass sein Opfer beschämt die Augen niederschlägt und eine Schimpfkanonade über sich ergehen lässt. Das verschafft ihm ein Gefühl von Überlegenheit und Macht. Und das kostet er nur allzu gerne aus.

Aber derjenige, der den anderen da demütigt, ist mit seinem Wohlgefühl ziemlich allein. Wer sonst noch Zeuge so einer Demontage wird, fühlt sich in aller Regel äußerst unbehaglich und ist ebenfalls peinlich berührt.

Wir vermeiden peinliche Begegnungen

Weil peinliche Situationen (die nicht bewusst herbeigeführt wurden) für alle unangenehm sind, versuchen wir, ihnen auszuweichen. Jemand, der keine Umgangsformen hat, wird nicht mehr eingeladen. Vorgesetzten, die regelmäßig explodieren, gehen wir möglichst aus dem Weg, ebenso wie Mitarbeitern, die auf Kritik völlig überzogen reagieren. Empfindliche Reaktionen sind bei Kritik zwar verständlich, aber ein souveräner Umgang mit unangenehmen Situationen setzt voraus, dass man sich ihnen stellt.

Wenn die Situation entgleist

In peinlichen Situationen geht es manchmal um Lappalien. Denken Sie an unsere ersten Beispiele: den hervorgekrächzten ersten Satz und den freudig begrüßten Unbekannten. Niemand kommt dabei zu Schaden oder zeigt sein sorgsam verborgenes zweites Gesicht. Wieso ist uns so etwas überhaupt peinlich? Wäre es nicht angebrachter, mit einem souveränen Lachen über die ganze Sache hinwegzugehen?

Das mag so sein. Das Problem ist nur, dass wir in dieser Situation nicht dazu in der Lage sind. Und das liegt nicht an einem persönlichen Defizit. Die Ursache ist eine andere: Die Situation, auf die wir unser Handeln ausgerichtet haben, ist zusammengebrochen – gekippt, wie oben beschrieben. Ist uns die Situation entglitten, können wir nicht einfach so weiterhandeln, als wäre nichts geschehen. Dass wir uns peinlich berührt zeigen, ist auch für den anderen ein unmissverständliches Signal: Achtung, hier stimmt etwas nicht! Die Situation muss von Grund auf neu aufgebaut werden.

Wir legen gemeinsam die Situation fest

Wenn wir miteinander umgehen, dann geschieht das nicht „einfach so". Vielmehr brauchen wir einen Rahmen, um das, was der andere sagt und tut, richtig zu verstehen – und um von dem anderen verstanden zu werden.

Woher aber bekommen wir diesen Rahmen? Es handelt sich um typische Situationen, mit denen wir immer wieder zu tun haben. Sie sind kulturell vorgeprägt. Als Angehörige einer bestimmten Kultur wissen wir sehr gut, was in einer Situation üblich ist. Und daran halten wir uns, solange wir diese Situation aufrechterhalten wollen.

Beispiel:

Typische Situationen sind: Sie begegnen einem Bekannten auf der Straße, Sie kaufen in einem Supermarkt ein, Sie plaudern auf einer Party, Sie führen ein Beratungsgespräch, Sie fragen nach dem Weg, Sie halten eine Rede, Sie vertrauen Ihrem Gegenüber ein Geheimnis an.

Es gibt unzählige dieser Muster. Wir haben sie so sehr verinnerlicht, dass sie uns gar nicht mehr auffallen, solange alles gut geht. Aber woher wissen wir, an welchem Muster wir uns jeweils orientieren müssen? In einigen Fällen ist der Rahmen vorgegeben, im Wesentlichen aber legen wir die Situation durch unser Handeln fest.

Beispiel:

Wenn jemand Ihnen etwas anvertrauen will, dann dämpft er die Stimme und rückt etwas näher an Sie heran. Neigen Sie sich vor und hören mit leichtem Kopfnicken zu, haben Sie gemeinsam die

Situation geschaffen: das Übermitteln von vertraulichen Informationen.

Und jemand, der Ihnen zuschaut, sollte die Situation ebenso verstehen und sich tunlichst im Hintergrund halten.

Wie die Situation entgleist

Natürlich können solche Situationen gestört, unterbrochen oder von einer neuen Situation abgelöst werden, ohne dass es peinlich wird. Das Problem entsteht erst, wenn die Situation selbst aus den Fugen gerät. Um beim eben erwähnten Beispiel zu bleiben: Antworten Sie Ihrem Gesprächspartner unvermittelt in normaler Lautstärke, wenn er Ihnen vertrauliche Informationen zukommen lässt, kippt die Situation für ihn sofort ins Peinliche.

Der Grund: Er kann Ihre Reaktion nicht einordnen, er findet sich in der Situation nicht mehr zurecht. Er fühlt sich hilflos. Genau das macht die Situation für ihn peinlich.

Aber auch für Sie kann es peinlich werden. Wenn es nicht Ihre Absicht war, Ihren Gesprächspartner zu verunsichern, sondern Sie einfach nur „falsch" reagiert haben, stehen Sie vor dem gleichen Problem: Die Situation ist entgleist, wie machen Sie weiter?

Alles nur Spaß?

Kommt Ihnen die Situation ein wenig seltsam vor, so gibt es immer noch eine halbwegs plausible Erklärung: Der andere wollte Ihnen nur einen Streich spielen. Auch wenn Sie das geschmacklos oder empörend finden, darauf können Sie immerhin reagieren: indem Sie den Scherzbold zurechtweisen, ebenfalls aus der Rolle fallen oder irgendwie anders zu erkennen geben, dass Sie das Spiel durchschaut haben. Hat der andere allerdings gar keinen Scherz gemacht, dann wird es nun doppelt peinlich.

Die Situation wieder reparieren

Um solche entgleisten Situationen wieder in den Griff zu bekommen, ist es oft hilfreich, sich mit dem anderen *über* die Situation zu verständigen. Zum Beispiel könnten Sie nachfragen, warum sich Ihr Gegenüber so merkwürdig verhält: „Sagen Sie, warum sprechen Sie auf einmal so laut?"

Oder Sie geben Ihren Eindruck der Lage wieder: „Ich habe Ihnen gerade etwas erzählt, was nicht jeder hier mitbekommen muss. Da bin ich schon etwas irritiert, dass Sie Ihre Antwort so herausposaunen."

Mit Ihrem Gespräch *über* die Situation verfolgen Sie zwei Ziele:

- Sie möchten verstehen, warum sich der andere so seltsam verhalten hat. Solange Sie sich darauf keinen Reim machen können, bleibt die Situation belastet.
- Sie möchten eine neue Grundlage finden, auf der Sie sich mit dem anderen verständigen können.

Alles nur ein Missverständnis?

Womöglich bekommen Sie eine schlüssige Erklärung, warum sich Ihr Gegenüber so seltsam verhalten hat. Vielleicht war es auch Ihr Verhalten, das den anderen irritiert hat – ganz gleich: Wenn es Ihnen gelingt, die Sache aufzuklären, haben Sie die peinliche Situation gewissermaßen repariert und Sie können daran wieder anknüpfen, wenn Sie das möchten.

Kommen Sie in einer gestörten Kommunikationssituation zu keiner Verständigung, dann ist jeder weitere Austausch sinnlos. Zumindest für den Augenblick sollten Sie das Gespräch beenden.

Rituale und Konventionen

Einen gewissen Halt im Umgang miteinander geben Rituale und Konventionen. Sie sollen Gemeinsamkeit stiften und die Beziehungen zwischen den Beteiligten stabilisieren. Es wird erwartet, dass jeder die Abläufe gut kennt und nicht davon abweicht, wobei manche Rituale gewisse Spielräume zulassen. Aber auch da müssen wir uns an Regeln halten. Sonst entsteht das, was wir unbedingt vermeiden wollen: eine peinliche, weil entgleiste Situation.

Beispiel:

Zu den wichtigsten Ritualen gehören Begrüßung und Verabschiedung. Wenn wir sie nicht beherrschen, kommt es zwangsläufig zu einer peinlichen Situation. Aber auch Konventionen wie die Einhaltung bestimmter Tischsitten dürfen nicht ignoriert werden. Sonst schließen Sie sich aus und werden auch für die anderen „peinlich".

Rituale als Entlastung

Rituale schaffen feste Formen, sie geben uns Sicherheit und entlasten uns. Wir müssen nicht im Einzelnen überlegen, wie wir mit Menschen, die uns flüchtig bekannt sind, in Kontakt treten können. Wir greifen einfach auf den Fundus der Begrüßungs- und Vorstellungsrituale zurück.

Aber auch diejenigen, an die sich das Ritual wendet, bekommen dadurch mehr Sicherheit. Sie hegen bestimmte Erwartungen, wie die Sache abläuft, und stellen sich darauf ein, zumal sie ja in aller Regel in das Ritual eingebunden sind und ebenso ihren Part spielen müssen.

Verstöße schaffen Verunsicherung

Wird ein Ritual nicht eingehalten oder gegen eine Konvention verstoßen, dann hat das für diejenigen, die daran beteiligt sind, zwei unangenehme Folgen:

- Sie fühlen sich verletzt oder sogar missachtet. Konventionen und Rituale werten die Beziehungen auf. Werden sie ignoriert, bedeutet das eine Abwertung.
- Sie sind irritiert oder völlig ratlos. Da die bewährten Spielregeln nicht mehr gelten, ist unklar, wie sie sich verhalten sollen.

Sogar die vermeintlichen „Nutznießer" fühlen sich unbehaglich, wenn zum Beispiel die konventionelle Reihenfolge bei der Begrüßung nicht eingehalten wird. Schütteln Sie zunächst dem Assistenten der Geschäftsleitung die Hand und erst dann der Chefin, wird er sich keineswegs geschmeichelt fühlen.

Gehören Sie dazu?

Rituale haben noch eine weitere Funktion: Sie schließen diejenigen aus, die über die „Spielregeln" nicht Bescheid wissen. Die Zugehörigkeit zu einer Gruppe oder Gesellschaftsschicht zeigt sich eben auch in der Beherrschung bestimmter Regeln und Rituale. Wer sie nicht einhält, gibt sich als Außenseiter zu erkennen. Die Gemeinsamkeit, die das Ritual eigentlich herstellen sollte, kommt nicht zustande.

Nicht dazuzugehören ist ein extrem peinlicher Zustand. Nicht nur für den, der erkennen lässt, dass er die „Spielregeln" nicht kennt. Auch diejenigen, die sie perfekt beherrschen, fühlen sich unwohl, wenn einer nicht „mitspielen" kann. In aller Regel werden sie um denjenigen einen weiten Bogen schlagen und ihn nur beachten, wenn es sich nicht vermeiden lässt.

Der souveräne Verstoß gegen die Konventionen

Wer sich um die Einhaltung der Rituale und Konventionen bemüht und damit scheitert, der steckt tief im Treibsand der Peinlichkeit. Je mehr er jetzt noch strampelt, umso tiefer sinkt er ein. Doch mit Verwunderung wird er registrieren, dass ein anderer sich überhaupt nicht um die Konventionen kümmert und gar keine Schwierigkeiten hat, Anschluss zu finden. Im Gegenteil, alle scheinen darauf aus zu sein, mit ihm ein paar Worte zu wechseln. Wieso wirkt dieser Mensch offenbar nicht im Geringsten peinlich?

Die Antwort ist sehr einfach: Er hat eine Sonderstellung. Er kann es sich erlauben, die Konventionen zu missachten, ja, es wird von ihm nichts anderes erwartet. Entweder weil er als unkonventioneller Farbtupfer die Gesellschaft etwas auflockern soll – und gerade deswegen eingeladen wurde. Oder weil er so bekannt, so erfolgreich oder so einflussreich ist, dass er es sich leisten kann, die Konventionen zu ignorieren.

> Dass sich jemand nicht im Geringsten um Konventionen kümmert und sich dennoch alle um ihn scharen, verleiht ihm erst seinen Nimbus. Für jeden ist zu erkennen, dass derjenige es wirklich geschafft haben muss, weil er es ist, nach dem sich alle richten.

Es kommt noch etwas hinzu: Wer wirklich dazugehört, der weiß auch, wer ungestraft gegen die Konventionen verstoßen darf. Wenn jemand hingegen eine solche „Ausnahmeerscheinung" mit dem Normalmaß misst und auf seine souveränen Regelverstöße peinlich berührt reagiert, stellt er sich selbst ins Abseits; die Situation entgleitet ihm, weil er die Erwartungen der anderen bricht. Es ist regelrecht peinlich, solche Verstöße nicht gelassen hinzunehmen.

Diese Doppelmoral ist Teil des Spiels. Sie sollten sie einfach zur Kenntnis nehmen. Für Sie heißt das: Sie müssen nicht nur wissen, welchen Konventionen Sie folgen müssen, sondern auch, für wen sie nicht gelten.

Die Faszination des Peinlichen

Alle elementare Komik gründet sich darauf, dass der Mensch in einer lächerlichen und peinlichen Lage handeln muss.

Charlie Chaplin (1889 - 1977)

Im täglichen Leben versuchen wir peinliche Situationen möglichst zu vermeiden. Und wenn sie uns oder unseren Mitmenschen zustoßen, dann sehen wir häufig darüber hinweg, was im Übrigen nicht die schlechteste Methode ist, damit umzugehen. Man nennt sie auch Taktgefühl. Auf der anderen Seite üben peinliche Situationen eine geradezu magische Anziehungskraft auf uns aus.

Sendungen wie „Pleiten, Pech und Pannen", „Verstehen Sie Spaß?" oder „Die Comedy-Falle" zeigen uns Menschen in peinlichen Situationen. Bücher und Filme sind voll von teils unsagbar peinlichen Vorfällen. Viele Komiker machen sich die Faszination des Peinlichen zunutze. Sie geraten in Situationen, die den meisten von uns die Schamesröte ins Gesicht treiben würden. Doch wir lachen darüber. Warum eigentlich?

Aus sicherer Distanz genießen

Damit wir uns an peinlichen Situationen erfreuen können, brauchen wir Distanz. Wir selbst dürfen in den Vorfall nicht verwickelt sein. Sogar wenn wir nur Zeuge sind, dürfen wir nicht zu nahe am Geschehen sein. Wir sind in Sicherheit und genießen es, dass uns so etwas nicht zustößt. Wer Zeuge einer unfreiwilligen Peinlichkeit wird und in der ersten Reihe sitzt, schlägt die Augen nieder; die Leute in den hinteren Reihen recken die Hälse.

Es sind immer die anderen, denen das Missgeschick widerfährt, sie müssen die Sache durchstehen. Aus sicherer Distanz verfolgen wir die Szene mit wohligem Schaudern. Das hat nichts mit Schadenfreude zu tun. Denn diejenigen, über die wir uns amüsieren, tragen in der Regel keinen ernsthaften Schaden davon. Manchmal bemerken sie die Peinlichkeit gar nicht wie etwa Mister Bean.

> Stellt sich im „richtigen Leben" heraus, dass die Folgen des peinlichen Vorfalls doch gravierender sind, schlägt unser Gefühl sofort um: Wir sind nicht länger belustigt, sondern haben Mitleid.

Mitleid mit dem gepeinigten Helden

Aber nicht nur wer uns zum Lachen bringen will, setzt auf den Peinlichkeitsfaktor. Auch wer ernste Töne anschlägt, bedient sich gerne dieses Stilmittels. Er setzt seinen Helden sehr peinlichen Situationen aus und erweckt damit unser Mitleid und unsere Sympathie. Im Unterschied zum komischen Helden muss die sympathische Figur leiden und schämt sich nicht selten in Grund und Boden. Gerade deswegen nehmen wir Anteil an ihrem Schicksal. Wir werden regelrecht in die Geschichte hineingezogen.

Sympathiepunkte mit peinlichen Erlebnissen

Ein paar Nummern kleiner funktioniert die Sache immer noch: Wer auf seine Gesprächspartner sympathisch wirken will, der erzählt von einem kleinen peinlichen Erlebnis. Selbstredend darf es sich dabei nur um eine Lappalie handeln und nicht etwa um eine handfeste Blamage. Immerhin möchte man für einen sympathischen Mitmenschen gehalten werden – und nicht für ein armes Würstchen.

Wenn im Berufsleben jemand bei Ihnen mit solchen Geschichten punkten will, dann ist oft ein gewisses Misstrauen am Platz. Fragen Sie sich: Warum will der bloß so menschlich wirken? Was führt er eigentlich im Schilde?

Auf einen Blick: So entstehen peinliche Situationen

- Peinlich wird eine Situation, wenn Sie kippt, der positive Eindruck sich beispielsweise ins Gegenteil verkehrt oder eine Erwartung enttäuscht wird.
- Ob etwas peinlich ist, entscheiden die Beteiligten. Jemand muss die Sache peinlich finden, dann ist sie es.
- Peinlichkeit hängt vom kulturellen und sozialen Umfeld ab. Was in einem Milieu oder einer Kultur üblich ist, kann für Außenstehende peinlich sein.
- Auf Peinlichkeit reagieren wir körperlich: mit Erröten, fahrigen Gesten oder gesenktem Blick.
- Rituale und Konventionen können Halt geben, ebenso hilft ein innerer Schutzschild, Peinlichkeit zu ertragen.
- Peinlichkeit bei anderen fasziniert uns, wir schwanken zwischen Mitleid und Schadenfreude und fühlen uns selbst von Stress entlastet.

Die kleinen Peinlichkeiten

Ihnen fällt der Name Ihres Gesprächspartners nicht mehr ein? Sie sind nicht ganz korrekt gekleidet? Sie machen einen Scherz, der eher frostig aufgenommen wird? So etwas kann immer einmal passieren.

Damit aus kleinen Peinlichkeiten keine großen werden, lesen Sie hier, wie Sie souverän reagieren,

- wenn Sie ins Fettnäpfchen getreten sind,
- wenn Sie unsicher sind in Fragen der Etikette oder
- wenn Ihnen bei Tisch ein Missgeschick unterlaufen ist.

Fehlstart bei der Begrüßung

Schon bei der Begrüßung kann allerhand schief laufen. Sie können jemanden, der freudestrahlend auf Sie zutritt, einfach nicht einordnen. Oder Ihnen fällt der Name nicht ein. Oder Sie begrüßen jemanden, der Sie nicht erkennt. Misslingt die Begrüßung, dann belastet das die gesamte Begegnung. Und aus einer Lappalie kann eine handfeste Blamage werden.

Namen vergessen?

Es dürfte kaum jemanden geben, der diesen Fall nicht kennt: Man weiß den Namen seines Gesprächspartners nicht mehr. Man weiß nur, dass man den Namen eigentlich kennen müsste. Oder es fällt einem schon ein Name ein, aber man ist unsicher, ob der stimmt.

Einfach darüber hinweggehen

Viele behelfen sich damit, dass sie den Namen ihres Gesprächspartners einfach nicht nennen und schnell über etwas anderes reden. Wenn Sie jemanden nur kurz begrüßen und ein, zwei Sätze wechseln, kann das auch ganz hilfreich sein. Sie machen keine Affäre aus Ihrer kleinen Gedächtnisschwäche. Und es fällt meist gar nicht auf.

Beispiel:

„Guten Tag, Herr Krohn!", begrüßt Frau Reimann ihren Arbeitskollegen im Supermarkt. „Ja, ich grüße Sie", erwidert der Angesprochene. „Decken Sie sich auch fürs lange Wochenende ein?"

Höflich nachfragen

Sobald die Begegnung aber über eine flüchtige Begrüßung hinausgeht, sollten Sie Ihre Gedächtnislücke gerade nicht überspielen. Fragen Sie gleich zu Beginn höflich nach dem Namen. Dann ist es am wenigsten peinlich. Je länger sich das Gespräch hinzieht, umso unangenehmer ist es, wenn sich herausstellt, dass Sie den Namen nicht kennen. Und umso höher ist auch die Hürde für Sie, einfach nachzufragen.

Beispiel:

„Guten Tag, Frau Kamp", begrüßt Herr Mertes eine gute Kundin bei einem Firmenempfang. „Schön, Sie heute Abend bei uns zu sehen." – „Auch ich freue mich, Sie zu sehen", erwidert Frau Kamp. „Aber helfen Sie mir bitte: Wie war noch Ihr Name?"

Beziehung aufwerten

Für den anderen ist es nicht gerade schmeichelhaft, dass man sich nicht an seinen Namen erinnert. Bei ihm kommt die Botschaft an: Sie sind nicht wichtig für mich. Und das ist eine Kränkung, die Sie ihm nicht zumuten sollten. Dass Sie überhaupt nachfragen, ist schon ein erster Schritt. Es ist ja viel kränkender für den anderen, wenn Sie sich über die Sache hinwegmogeln. Damit bringen Sie zum Ausdruck: Ich weiß Ihren Namen nicht und ich will ihn auch jetzt nicht wissen. Stattdessen sollten Sie sich bei dem anderen entschuldigen und in irgendeiner Weise Ihre Wertschätzung zum Ausdruck bringen. Dazu sind keine großen Gesten nötig. Die wären eher unangemessen. Sie wirken glaubwürdiger und authentischer, wenn Sie irgendetwas ansprechen, was Sie über den anderen wissen. So erkennt er, dass Sie zwar seinen Namen vergessen haben, sich im Übrigen aber sehr wohl an ihn erinnern können.

Beispiel:

„Helfen Sie mir bitte: Wie war noch Ihr Name?", fragt Frau Kamp. – „Mertes. Wir hatten im letzten Herbst miteinander zu tun." – „Ach ja, richtig, Herr Mertes. Sie hatten doch damals von Ihrem Auftrag in Slowenien erzählt. Hat das eigentlich geklappt?"

Fallen Sie nicht mit der Tür ins Haus. Die Aufwertung des anderen sollte eher dezent geschehen. Finden Sie keinen geeigneten Anknüpfungspunkt, dann lassen Sie Erinnerungen lieber auf sich beruhen.

Ihr „verfluchtes Namensgedächtnis"

Oft eine gute Alternative ist der Hinweis auf Ihr schlechtes Namensgedächtnis: „Entschuldigen Sie bitte. Mein Namensgedächtnis lässt mich wieder im Stich. Wie war noch gleich Ihr Name?" Dadurch entkrampfen Sie die Situation und drücken indirekt Ihre Wertschätzung für den anderen aus. Manche unterfüttern die Sache noch mit einer kleinen peinlichen Geschichte, wie sie erst kürzlich einen wichtigen Namen vergessen haben.

Halten Sie die Sache kurz und knapp

Es gilt für alle kleinen Peinlichkeiten: Treten Sie die Sache nicht breit. Fragen Sie nach dem Namen, entschuldigen Sie sich, zeigen Sie Interesse an Ihrem Gegenüber. Damit hat es sich. Weitschweifige Erklärungen, warum Ihnen das jetzt passiert ist, machen die Angelegenheit für den anderen nur peinlicher.

Hände schütteln oder nicht?

Heute ist in vielen Situationen unklar, ob man dem anderen zur Begrüßung die Hand geben sollte oder nicht. Einerseits wird dadurch die Begrüßung aufgewertet und jemand, dem man nicht die Hand reicht, kann sich zurückgesetzt fühlen. Andererseits gilt vielen das Händeschütteln als zu förmlich. Und manchen ist es regelrecht unangenehm. Raum genug also für viele kleine Peinlichkeiten und ausreichend Gelegenheit, sie zu meistern.

Ihr Gegenüber erwartet einen Händedruck

Ob wir uns die Hand geben, das entscheidet sich in Bruchteilen von Sekunden. Manchmal kommt Ihnen der andere schon mit ausgestreckter Hand entgegen. Dann müssen Sie ihm die Hand geben, auch wenn Ihnen das unangenehm ist. Denn dem anderen in so einer Situation die Hand zu verweigern, wäre eine schwere Kränkung und keine kleine Peinlichkeit mehr.

Bisweilen ist die Situation jedoch nicht so eindeutig. Aus einer angedeuteten Bewegung schließen wir, dass der andere unseren Händedruck erwartet hat. Aber wir haben ihm bereits zugewinkt und unsere Begrüßung abgeschlossen. Unangenehm, aber nicht mehr zu ändern. Sie sollten einfach darüber hinweggehen und sich nicht etwa noch rechtfertigen.

Anders sieht die Sache aus, wenn Ihr Gegenüber von sich aus eine Bemerkung macht: „Ach, Sie geben mir wohl nicht die

Hand?" Oder Vergleichbares. Dann müssen Sie reagieren. „Ich dachte, so ein Händedruck ist vielleicht ein bisschen förmlich", könnten Sie erwidern und hinzufügen: „Ich gebe Ihnen natürlich gerne die Hand." Und dann strecken Sie die Hand aus. Die Bedeutung einer solchen Geste sollten Sie nicht unterschätzen.

Ihr Gegenüber möchte Ihnen nicht die Hand geben

Strecken Sie dem anderen Ihre Hand entgegen, ohne dass er sie ergreift, dann sollten Sie darüber hinweggehen. Schließen Sie langsam Ihre Hand und ziehen Sie sie unauffällig zurück. Ihre Hand nicht zu schütteln, das ist zwar sehr unhöflich, aber Sie wissen nicht, welchen Grund es dafür gibt. Manchen Menschen ist es einfach schrecklich unangenehm, anderen die Hand geben zu müssen. Sie können ihnen keinen größeren Gefallen tun, als darüber keine Worte zu verlieren.

Alle oder keiner

Wenn Sie zu einer Gruppe dazukommen, dann sollten Sie alle in gleicher Weise begrüßen – also allen die Hand geben oder keinem. Schütteln Sie erst die Hände und grüßen dann in die Runde, macht das keinen guten Eindruck. Diejenigen, denen Sie nicht die Hand gegeben haben, werden sich missachtet fühlen. Ausnahme: Die Personen, denen Sie die Hand reichen, sind in irgendeiner Weise hervorgehoben. Wenn es sich um die Gastgeber oder die Vorgesetzten handelt, dann ist es häufig sogar angeraten, hier einen Unterschied zu machen.

> Ganz generell gilt: Erwidert jemand Ihren Gruß nicht, dann gehen Sie einfach darüber hinweg.

Falsche Anrede

Gerade bei hochrangigen Gesprächspartnern sind wir oft unsicher: Wie müssen wir sie korrekt ansprechen? Hat der eine einen Doktortitel? Und wenn ja, sollen wir ihn damit anreden, auch wenn es legerer zugeht? Ganz gewiss ist es ein Gebot der Höflichkeit, sein Gegenüber korrekt anzusprechen. Aber es ist kein Drama, wenn Sie sich nicht so genau auskennen. Halten Sie sich einfach an die folgenden Faustregeln:

- Wie die korrekte Anrede von Botschaftern, Bischöfen, Bürgermeistern und anderen Honoratioren lautet, können Sie in vielen Benimmbüchern nachlesen. Vor einem Treffen sollten Sie sich Klarheit verschaffen.
- Wissen Sie nicht genau, wie Sie den anderen ansprechen sollen, fragen Sie einfach nach: „Entschuldigung, wie lautet die korrekte Anrede?" Niemand wird Ihnen das verübeln, eine falsche Anrede schon.
- Bei akademischen Titeln machen Sie nichts falsch, wenn Sie im Zweifel die förmliche Anrede wählen: Frau Professor, Herr Doktor. Legt der andere keinen Wert auf den Titel, wird er Ihnen das mitteilen.

Stillschweigende Korrektur

Bemerken Sie, dass Sie den anderen falsch angeredet haben, müssen Sie das nicht eigens erwähnen. („Oh, entschuldigen Sie, ich wusste gar nicht, dass Sie Doktor sind.") Sprechen Sie ihn lieber bei der nächsten Gelegenheit korrekt an. Das wirkt wesentlich souveräner.

Etwas anderes gilt, wenn Sie unsicher sind, etwa wenn ein Dritter Ihren Gesprächspartner mit einem Titel anspricht, Sie aber nicht wissen, ob das überhaupt korrekt ist. Dann ist es angemessen nachzufragen.

Sie werden selbst falsch angeredet

Spricht jemand Ihren Namen falsch aus oder schreibt Ihnen einen Titel zu, den Sie gar nicht haben, ist es ratsam, die Sache sofort richtigzustellen. Dabei ist es keineswegs unhöflich, Ihren Gesprächspartner zu unterbrechen.

Greift der andere in der Anrede allerdings nur knapp daneben oder lässt er Ihren Titel weg, sollten Sie auf eine Richtigstellung verzichten. Denn das wirkt besserwisserisch und eitel. Ebenso wenig Sinn hat es, den anderen ständig zu korrigieren, wenn er Sie hartnäckig falsch anspricht. Mehr als zwei Mal sollten Sie ihn nicht verbessern. Und dabei sollten Sie eher freundlich schmunzeln, als die Sache kühl klarzustellen.

Falsch gekleidet

Häufig wird das Risiko unangemessener Kleidung unterschätzt, gerade von denen, die sich im Umgang mit ihren Mitmenschen sonst recht sicher fühlen. Im falschen Outfit? Na und? Da geht es ja „nur" um Äußerlichkeiten. Mit Charme und Gewandtheit lässt sich das mühelos ausgleichen, glauben manche. Doch das stimmt nur zum Teil. Denn wir können uns gar nicht dagegen wehren, als Außenseiter zu erscheinen, wenn mit unserer Kleidung etwas nicht stimmt. Sie werden nicht ernst genommen, mit Argwohn betrachtet oder schlicht links liegen gelassen. Und Sie fühlen sich auch selbst nicht wohl in Ihrer Haut. Und was das Schlimmste ist: Sie können Ihren Missgriff kaum noch korrigieren, sondern müssen die Situation in der falschen Kleidung durchstehen – bis zum bitteren Ende.

Keine Erklärungen, keine Rechtfertigungen

Ein verbreiteter Fehler, mit dem Sie die Peinlichkeit noch vergrößern: Sie erzählen allen, die Ihnen über den Weg laufen, wie es zu dem Missgriff kam. Immerhin möchten Sie Ihren Ruf retten. Doch bewirken Sie nur das Gegenteil. Niemand möchte sich irgendwelche Rechtfertigungen anhören. Manche betreiben auch eine Strategie des Überdramatisierens. Damit wollen sie sich von Ihrem Outfit distanzieren. Doch das gelingt nun einmal nicht. Sie können Ihre Kleidung nicht durchstreichen, indem Sie erklären, wie schrecklich Sie darin aussehen und wie unangenehm Ihnen das alles ist. Mit solchen Erklärungen fallen Sie den anderen nur auf die Nerven.

> An der falschen Kleidung können Sie nichts ändern. Bleiben Sie gelassen und denken Sie am besten nicht weiter über Ihre Kleidung nach. Das blockiert Sie nur.

Distanzieren Sie sich beiläufig von Ihrer Kleidung

Natürlich wollen Sie nicht so erscheinen, als wüssten Sie nicht, wie man sich angemessen kleidet. Doch wie sollen Sie das den anderen mitteilen? Es gibt nur eine souveräne Lösung des Problems: Sie lassen es irgendwann ganz beiläufig einfließen. Zum Beispiel könnten Sie erzählen, wie sehr Sie sich beeilt haben, hierher zu kommen, und keine Zeit mehr hatten, sich umzuziehen. Oder Sie kommen darauf zu sprechen, wie Sie der Gastgeber eingeladen hat und irgendetwas von „lässig eleganter Freizeitkleidung" erwähnt hat. Sehr souverän wirken Sie, wenn Sie zu Ihrer unpassenden Garderobe eine lustige Geschichte erzählen können. Sind Sie ohne Ihr Gepäck auf dem Flughafen gelandet? Haben Sie den Koffer verwechselt? Solche Geschichten hören die Leute gerne.

Bei Bemerkungen beziehen Sie Stellung

Macht jemand eine spöttische Bemerkung, sollten Sie Stellung beziehen. Nehmen Sie dem Spott den Stachel, räumen Sie Ihren Fehler ein oder machen Sie sich einfach über die Sache lustig. Sie können auch erklären, wie es zu dem Missgriff kam, denn es war der andere, der das Thema aufgebracht hat. Sie sollten nur dafür sorgen, dass es schnell vom Tisch ist.

Beispiel:

„Was haben Sie denn da für eine grüne Hose an?", erkundigt sich Herr Jobst. „Wollten Sie zum Ball der Förster?" – „Sie haben Recht, ich habe mich bei der Wahl meiner Hose etwas vertan. Ich habe mich so beeilt, da habe ich ganz schnell in den Kleiderschrank gegriffen – und die erstbeste Hose herausgenommen, die keine Jeans war."

Manchmal sollten Sie lieber gehen

Sind Sie völlig unangemessen gekleidet, dann sollten Sie darüber nachdenken zu gehen. Häufig ist es besser, Sie ziehen sich vorzeitig zurück, ehe Sie sich in Ihrem Aufzug unmöglich machen. Die anderen werden dafür Verständnis haben. Womöglich werden Sie sogar Respekt ernten, denn deutlicher kann man sich ja nicht von seiner Kleidung distanzieren. Bemerken Sie Ihnen Fehler frühzeitig, ist es sogar das Beste, auf dem Absatz kehrtzumachen – solange Sie noch keiner gesehen hat.

Flecken oder offener Reißverschluss

Ein Klassiker unter den peinlichen Situationen: Sie haben einen Fleck auf Ihrer Kleidung oder ein Reißverschluss steht offen (wahlweise Kleid, Rock oder Hose).

Was den Fleck betrifft, so können Sie versuchen, ihn zu entfernen. Häufig wird das nicht möglich sein. Dann lassen Sie die Sache einfach auf sich beruhen. Spricht Sie jemand darauf an: „Sie haben da einen Fleck auf der Hose …", dann erklären Sie freundlich: „Danke, ich habe das schon bemerkt", und wechseln das Thema.

Bei offenen Knöpfen und Reißverschlüssen gilt die Devise: unauffällig schließen und keine Worte darüber verlieren. Werden Sie darauf angesprochen, sollten Sie sich für den Hinweis bedanken und die Angelegenheit in Ordnung bringen. Verkneifen Sie sich humoristische Bemerkungen. Je weniger Aufhebens davon gemacht wird, umso besser.

Ins Fettnäpfchen getreten

Sie machen eine harmlose Bemerkung, und Ihr Gesprächspartner wird recht einsilbig oder verhält sich seltsam. Was ist passiert? Manchmal haben Sie keine Ahnung, manchmal haben Sie einen Verdacht. Und manchmal wissen Sie es nur zu genau. Sie könnten sich die Zunge abbeißen, dass Ihnen das herausgerutscht ist. Und doch ist die Ausgangslage in allen drei Fällen ähnlich. Sie sind ins Fettnäpfchen getreten und verspüren den dringenden Wunsch, aus dieser peinlichen Situation wieder herauszukommen.

Beispiel:

Frau Lauck erzählt stolz von ihren Kindern, die in England eine Eliteschule besuchen. „Was machen eigentlich Ihre Kinder?", erkundigt sie sich bei Herrn Munzert. „Die müssten doch auch längst aufs Gymnasium gehen?" Der stammelt: „Na ja, also ... müssten sie schon ..."

Wie Sie alles noch schlimmer machen

Ins Fettnäpfchen werden Sie immer wieder einmal treten, und zwar gerade, wenn Sie ein versierter Plauderer sind, der gerne mit seinen Mitmenschen redet. Es gibt nämlich kein Gesprächsthema, das so harmlos ist, dass sich nicht irgendwer dadurch peinlich berührt fühlen könnte. Das ist das eine. Das Zweite: Sie werden gerade dann anecken, wenn Sie munter und meinungsfreudig erzählen und man Ihnen gerne zuhört.

Worauf es hingegen ankommt: dass Sie überhaupt bemerken, dass Ihr Gegenüber peinlich berührt ist. Und dass Sie durch Ihren Versuch, die Situation zu retten, nicht alles noch viel schlimmer machen. Die Situation kann nämlich erst so richtig peinlich werden, wenn Sie einen der folgenden Sätze äußern:

- „Hab ich jetzt was Falsches gesagt?"
- „Das muss Ihnen doch nicht peinlich sein."
- „Oh, entschuldigen Sie bitte. Wie dumm von mir."
- „Bitte glauben Sie mir, ich habe nicht gewusst, dass Sie ..."

Sie müssen nicht verstehen, warum sich der andere schämt

Reagiert der andere auf eine Bemerkung von Ihnen peinlich berührt, dann wollen Sie gerne wissen, warum das so ist. Das ist verständlich, aber es ist genau die falsche Methode, *jetzt* danach zu fragen. Denn dem anderen ist das Thema ja gerade peinlich, auch wenn Sie keine Ahnung haben, warum.

Verhalten Sie sich daher taktvoll und wechseln Sie das Thema, ohne weitere Worte zu verlieren. Wenn der andere Ihnen etwas über die Gründe mitteilen will, dann wird er Sie das wissen lassen. Und wenn nicht, dann sollten Sie das respektieren.

Ausnahme: Wenn Sie den anderen gut kennen, kann es angemessen sein, nachzufragen: „Wieso reagierst du jetzt so?" Aber dazu brauchen Sie ein enges, vertrauensvolles Verhältnis zum anderen. Wenn das nicht besteht, wirken solche Nachfragen aufdringlich.

Verzichten Sie auf eine Entschuldigung

Die Situation ist für den anderen doppelt unangenehm: Die Angelegenheit ist ihm peinlich. Und zugleich ist ihm peinlich, dass ihm die Sache peinlich ist. Sie haben seinen wunden

Punkt erwischt. Wenn Sie sich entschuldigen, reiben Sie ihm nochmals unter die Nase, dass Sie ihn für ein armes unsouveränes Würstchen halten. Manchmal kann es allerdings sinnvoll sein, sich zu entschuldigen – wenn Sie nämlich den „wunden Punkt" Ihres Gegenübers durchaus gekannt haben. Aber selbst dann sollten Sie sich erst deutlich später entschuldigen, wenn die peinliche Situation für den anderen längst ausgestanden ist.

Geschmacklose Scherze

Auch das kommt vor: Ihnen rutscht eine Bemerkung heraus, die Sie witzig meinen, aber Ihnen wird sofort klar, dass Sie das nicht hätten sagen sollen.

Beispiel:

Ausgelassene Stimmung. Herr Fricke ergreift das Wort, er gerät ins Stottern: „Da-da-das ist aber ni-ni-nicht so." Herr Dostert witzelt: „Finde ich cool, Ihre Rap-Sprache."

Das ist natürlich fatal. Wie können Sie so etwas wiedergutmachen? Die Antwort lautet: im Moment gar nicht. Sparen Sie sich die Entschuldigung. Allenfalls später unter vier Augen können Sie den anderen bitten, über Ihre dumme Bemerkung hinwegzusehen. Ansonsten gilt die goldene Regel für peinliche Bemerkungen: Tun Sie einfach so, als hätten Sie gar nichts gesagt. In nicht ganz so schlimmen Fällen können Sie sich von Ihrer Äußerung sofort distanzieren: „War ein Spaß. Nicht so gemeint." Oder: „Das sollte ein Scherz sein. Ist aber verunglückt." Die Sache ist nur, dass Sie Ihre Worte nicht ungeschehen machen können. Daher sollten Sie es allenfalls bei einem kurzen Kommentar belassen und von anderen Dingen sprechen.

Die anderen biegen sich vor Lachen

Besonders peinlich ist es, wenn sich die anderen über Ihren geschmacklosen Scherz ausschütten vor Lachen. Selbstverständlich stimmen Sie in dieses Gelächter nicht noch mit ein. Allerdings hat es meist auch wenig Sinn, die Lachenden aufzufordern, mit dem Gelächter aufzuhören. Dadurch verstärken Sie es nur. Sprechen Sie lieber ein völlig neues Thema an. Das bringt sie auf neue Gedanken.

Keine Ahnung von der Etikette

Wie war das noch? Dürfen Sie als Frau bei einer Begrüßung sitzen bleiben? Wann müssen Sie als Mann als Erster durch die Tür gehen? Wie übergeben Sie Ihre Visitenkarte? Und wann gehen Sie bei einem Geschäftsessen als Gastgeber voran und wann sind Sie der Letzte in der Reihe? Antworten auf diese Fragen finden Sie in Knigge-Ratgebern. In diesem TaschenGuide beschäftigen wir uns mit der Frage, wie Sie sich verhalten, wenn Sie in der betreffenden Situation entweder nicht Bescheid wissen oder sich schon falsch verhalten haben.

Die große Verunsicherung

Ohne Zweifel sind die Umgangsformen etwas legerer geworden. Das macht die Sache aber nicht einfacher. Denn es ist unklarer denn je, was „geht“ und was „nicht geht“. Manche eherne Verhaltensregel von damals gilt heute als steif und förmlich – aber eben nicht überall. Das heißt, Sie sollten wissen, was in den Kreisen üblich ist, in denen Sie sich bewegen. Sonst outen Sie sich als jemand, der nicht Bescheid weiß und deshalb nicht richtig dazugehört.

Wie machen es die Insider?

Eine weit verbreitete Methode, die eigene Unsicherheit zu überspielen: Man beobachtet, wie sich die anderen verhalten. Klugerweise sollten Sie sich an denen orientieren, von denen Sie annehmen dürfen, dass sie sich am besten auskennen, also an den parkettsicheren „alten Hasen". Dies, empfiehlt sich vor allem in Situationen, in denen Sie Zeit haben, sich in aller Ruhe das Verhalten abzuschauen.

Fragen Sie nach

Nicht immer bietet es sich an, den Autoritäten in Sachen Benimm nachzueifern. Tatsächlich wirkt es manchmal peinlich, wenn Sie verstohlen aus dem Augenwinkel beobachten, was der graumelierte Herr am Nachbartisch mit der Austerngabel anstellt. Sie erscheinen wesentlich souveräner, wenn Sie in solchen Situationen einfach nachfragen: „Sagen Sie, wie geht man mit diesem Besteck um?" Oder: „Wie halten Sie es hier mit dem Rauchen?" Oder auch in lockerer Runde, in der sich die meisten duzen: „Wie wollen wir es mit dem Du halten?"

Die Nachfrage ist die beste Methode, wenn es um nicht alltägliche Dinge geht (z.B. Umgang mit der Hummerzange, Rituale bei bestimmten Festen, die Ihnen nicht vertraut sind) oder darum, sich in einer fremden Kultur angemessen zu verhalten.

Folgen Sie selbstsicher Ihrer Intuition

Sie haben jemanden zum Geschäftsessen eingeladen. Sollen Sie jetzt hinter dem Kellner zum reservierten Tisch vorangehen oder Ihrem Gast den Vortritt lassen? Da können Sie nicht nachfragen. Ebenso wenig, wenn Sie eine Schnecke im Salat oder ein Haar in der Suppe finden: „Sagen Sie, muss ich jetzt dem Kellner Bescheid sagen?" (Antwort: Ja, bitten Sie um einen neuen Salat bzw. eine neue Suppe). In solchen Fällen sollten Sie sich auf Ihre Intuition verlassen. Was ist in der betreffenden Situation vermutlich das angemessene, höfliche Verhalten? Auch wenn Sie damit nicht ganz richtig liegen und beispielsweise als Gastgeber direkt dem Kellner folgen, ist das nicht weiter tragisch. Womöglich fällt es ohnehin niemandem auf. Und es ist auf jeden Fall souveräner, als wenn Sie verunsichert zwischen Gast und Kellner hin- und hertrippeln.

> Der Intuition zu folgen bietet sich an, wenn Sie handeln müssen, Sie also nicht abwarten oder um Rat fragen können. Diese Methode hat den Vorteil, dass Sie authentisch bleiben und die Situation nicht unnötig verkomplizieren.

Die Umgangsformen missachtet

Haben Sie gegen die Etikette verstoßen, dann geht es darum, die Situation nicht noch zu verschlimmern. Dabei empfiehlt sich eine abgestufte Reaktion – je nachdem, wie gravierend der Verstoß gegen die Benimmregeln war. Auf jeden Fall aber gilt: Lässt sich Ihr Fehler noch korrigieren, so sollten Sie das umgehend tun – ohne weitere Worte darüber zu verlieren.

Gehen Sie souverän darüber hinweg

Sie sind bei Tisch versehentlich zu früh aufgestanden, haben als Einziger vor dem Anstoßen an Ihrem Sektkelch genippt oder Sie haben bei einem Empfang die anderen so begrüßt, wie es Ihnen in den Sinn kam, also nicht in der korrekten Reihenfolge, die Ihnen auch gar nicht geläufig ist. Sie haben gegen die Etikette verstoßen, sich vielleicht auch ein wenig blamiert, doch sollten Sie das jetzt nicht auch noch breittreten. Dies gilt vor allem, wenn Sie in der betreffenden Situation nur Zaungast sind. Verlieren Sie keine Worte darüber. Machen Sie es beim nächsten Mal einfach besser.

Manchmal bietet es sich an, mimisch zu verstehen zu geben, dass Sie Ihren Fehler bemerkt haben und dass Ihnen die Sache peinlich ist. Bei weit geöffneten Augen führen Sie eine geschlossene Hand zum Mund und decken ihn ab. Das hat die die Bedeutung: Auweia, das ist mir peinlich! Und es ist eben nicht aufdringlich.

Entschuldigen Sie sich

Die nächste Stufe: Sie entschuldigen sich für Ihren Verstoß. Damit geben Sie der Sache aber etwas mehr Gewicht – was durchaus angemessen sein kann.

Beispiel:

„Entschuldigen Sie bitte, ich habe nicht gesehen, dass Sie Ihren Mantel anziehen." – Und deswegen haben Sie dem Gast nicht geholfen.

„Entschuldigen Sie bitte, ich habe keine Ahnung, wen ich als Erstes vorstellen muss. Aber ich würde Sie gerne miteinander bekannt machen", sagen Sie entwaffnend und bringen mit Ihren guten Absichten die Angelegenheit sehr souverän hinter sich.

„Entschuldigen Sie bitte, ich kenne mich in Fragen der Etikette überhaupt nicht aus. Da muss ich immer meine Frau fragen. und die ist heute nicht da." Auch so ein Statement kann sehr sympathisch wirken.

Mit einer Entschuldigung zeigen Sie,

- dass Sie die Sache ernst nehmen,
- dass Sie gemerkt haben, dass Sie sich nicht korrekt verhalten haben, und
- dass Sie die Angelegenheit gerne bereinigen möchten.

Ziehen Sie sich zurück

Kommen Sie überhaupt nicht zurecht, fühlen Sie sich allein gelassen oder ist Ihnen Ihr Verstoß gegen die Umgangsformen extrem peinlich, dann kommt durchaus der geordnete Rückzug in Frage. Sie sollten sich darüber im Klaren sein, dass es sich um eine recht massive Reaktion handelt. Doch die ist in manchen Fällen auch angebracht. Weisen Sie auf Ihren schlechten Zustand hin, nehmen Sie für sich das Recht in Anspruch, sich zurückzuziehen. Einerseits kommt das einer Kapitulation gleich, andererseits können Sie sich nicht deutlicher von Ihrem Verhalten distanzieren: Ich war in einem Ausnahmezustand und musste die Situation sofort beenden.

Missgeschicke bei Tisch

Bei Tisch drohen Peinlichkeiten ganz eigener Art. Nicht nur die Tischsitten gilt es einzuhalten, was im Zeitalter von Ethnofood und Businesslunch nicht immer ganz einfach ist. Zugleich müssen wir unseren Körper beherrschen und darauf achten, keine Gläser umzustoßen und uns nicht zu bekleckern.

Das umgestoßene Weinglas

Der Klassiker unter den peinlichen Situationen bei Tisch: Sie stoßen ein Weinglas um. Der Inhalt ergießt sich womöglich auf die Kleidung Ihres Nachbarn. Wie reagieren? Am wichtigsten: Ruhe bewahren. Verkneifen Sie sich alle hektischen Versuche, die Dinge wieder in Ordnung zu bringen. Stattdessen sollten Sie folgendermaßen vorgehen:

So gehen Sie vor

1. Entschuldigen Sie sich für Ihr Versehen und sagen Sie, dass es Ihnen Leid tut.
2. Informieren Sie das Personal und bitten Sie um Hilfe.
3. Werden Sie nicht von sich aus tätig, sondern bieten Sie Hilfe an.
4. Kündigen Sie an, die Reinigungskosten zu übernehmen.

Beispiel:

Frau Lauck stößt versehentlich das Weinglas von Frau Taussig um. „Oh nein!," ruft Frau Lauck bestürzt. „Bitte entschuldigen Sie. Das ist mir furchtbar peinlich." Frau Taussig versucht mit ihrer Serviette den Rotwein aufzutupfen. Frau Lauck winkt die Kellnerin heran: „Entschuldigen Sie bitte, ich habe hier gerade ein Weinglas umgestoßen."

Wenden Sie sich an das Personal

Im Unterschied zu Ihnen weiß das Personal im Allgemeinen sehr gut, was jetzt zu tun ist. Es ist gewiss nicht das erste Glas Wein, das hier umstürzt. Und so wird die Bedienung die peinliche Situation schnell und diskret entschärfen können. Daher ist es eigentlich immer hilfreich, sich in kritischen Fällen gleich an das Personal zu wenden, zum Beispiel wenn Geschirr zu Bruch gegangen ist, wenn Sie die Gabel fallen gelassen oder eine Vase umgestoßen haben. Behandeln Sie das Ganze diskret und machen Sie die Sache nicht unnötig zum Tischgespräch.

Hilfe anbieten und Reinigungskosten übernehmen

Auch wenn das Personal die Sache in die Hand genommen hat, sollten Sie von sich aus noch Hilfe anbieten. Fragen Sie beispielsweise: „Kann ich etwas für Sie tun? Möchten Sie irgendwo hingefahren werden?" In aller Regel wird das abgelehnt. Doch als Geste hilft es, die Situation zu entschärfen. Das gilt ebenso für die Ankündigung, die Reinigungskosten zu übernehmen. Dabei sollten Sie sich auf keinen Fall aufdrängen oder die Angelegenheit theatralisch überhöhen. Das vergrößert die Peinlichkeit nämlich beträchtlich. Äußern Sie sich möglichst schlicht: „Lassen Sie mich bitte die Reinigungskosten übernehmen." In den meisten Fällen wird das abgelehnt oder kommentarlos übergangen. Und damit hat sich die Sache. Im Übrigen sollten Sie die Übernahme der Reinigungskosten nie als Frage formulieren.

Was tun mit Unverdaulichem?

Sie kauen auf einem harten Stück herum, das sich einfach nicht herunterschlucken lässt. Sie haben eine Gräte im Mund. Oder Sie beißen auf einen Kirschkern. Wohin damit? Die Faustregel lautet: Alles verlässt den Mund auf dem gleichen Weg, auf dem es in ihn hineinkam. Gräten werden mit der Gabel, Kerne mit dem Löffel oder mit der Hand auf den Teller befördert. Unappetitliche Fleischreste sollten Sie eher diskret in einem Papiertaschentuch verschwinden lassen, das Sie an sich nehmen und nach dem Essen irgendwo unauffällig entsorgen.

Wann sollten Sie den Tisch verlassen?

Eigentlich bleiben Sie während des Essens am Tisch. Wenn Sie austreten müssen, dann tun Sie dies zumindest zwischen den Gängen und nicht, solange noch gegessen wird. Doch gibt es auch Gründe, die Sie dazu bringen sollten, die Tafel zügig zu verlassen: wenn Sie sich verschluckt haben und unablässig husten müssen, wenn Sie Ihre Kleidung von Flecken reinigen wollen oder wenn Ihr Partner den Tisch verlassen muss und Ihre Unterstützung braucht.

> In den meisten Fällen genügt es, zu sagen, dass Sie den Tisch verlassen müssen. Eine nähere Begründung ist oft gar nicht angebracht.

Wenn das Handy klingelt

Gerade bei einem Businesslunch ist es nicht selten, dass sich irgendwo ein Handy meldet. Das ändert nichts daran, dass es unhöflich ist, das Mobiltelefon vorher nicht abzuschalten. Doch wenn Sie es nun schon einmal vergessen haben? Den Anrufer einfach „wegzudrücken", wäre ihm gegenüber grob unhöflich. Also sollten Sie das Gespräch annehmen. Vorher erklären Sie jedoch: „Entschuldigen Sie, ich habe vergessen, mein Handy abzuschalten. Erlauben Sie, dass ich das Gespräch kurz entgegennehme?" Dazu kann es nötig sein, den Tisch für einen Moment zu verlassen. Zumindest sollten Sie sich wegdrehen. Das Gespräch halten Sie so kurz wie möglich. Und anschließend schalten Sie das Handy aus.

Sich mit Humor retten

Kleine Peinlichkeiten können Sie mit Humor gut überspielen. Dabei geht es nicht darum, besonders witzig zu sein oder die Lacher auf seiner Seite zu haben. Vielmehr ist eine leisere Art von Humor gefragt, der eine gewisse Portion Selbstironie beigemischt ist. Humor ist aus zwei Gründen ein geeignetes Mittel, leichtere Peinlichkeiten abzufedern:

- Sie bringen eine gewisse Gelassenheit zum Ausdruck. Sie zeigen, dass Sie sich nicht verletzt fühlen und auch dem anderen nicht gefährlich werden.

- Mit einer scherzhaften Bemerkung treten Sie aus der peinlichen Situation heraus, in der Sie und Ihr Gegenüber stecken. Sie bieten dem anderen an, sich auf einer neuen Ebene zu treffen.

Distanz und Gemeinsamkeit

Das ist der ganze Trick bei der Sache: Von dem, was unangenehm ist, distanzieren Sie sich – von dem Missgeschick, das Ihnen unterlaufen ist, von der Verunsicherung, in der Sie stecken, von der kleinen Blamage. Gleichzeitig stellen Sie zum anderen eine Verbindung her. Wenn er über Ihren Scherz auch nur ein wenig schmunzelt, gibt er zu erkennen, dass er mit Ihnen auf einer Wellenlänge liegt.

Souveränität bewahren

Und es kommt noch etwas hinzu, das den Humor in peinlichen Situationen so nützlich macht: Sie behalten Ihre Souveränität, obwohl Ihre Handlungsfähigkeit mitunter sehr stark eingeschränkt ist.

Beispiel:

Frau Kleemann soll einen Vortrag halten. Auf dem Weg zum Podium stolpert sie. Ihr Manuskript fällt ihr aus der Hand. Sie sammelt die Blätter wieder auf, geht zum Pult und sagt: „Wie Sie sehen, kann ich es kaum erwarten, zu Ihnen zu sprechen."

Das unsichtbare Augenzwinkern

Wie aber soll man es anstellen, in einer peinlichen Situation noch humorvoll zu sein? Das ist gar nicht so schwer, wie Sie vielleicht glauben. Denn es genügt, wenn Sie etwas äußern, was offensichtlich nicht ernst gemeint ist. Sie sprechen sozusagen mit einem inneren Augenzwinkern.

Das können Sie schon mit Ihrer Wortwahl ausdrücken. Sie benutzen Begriffe, die nicht ganz passen oder die antiquiert sind. Zum Beispiel sagen Sie „Fernsprecher" statt „Telefon" oder „Reifeprüfung" statt „Abitur". Auch gut geeignet sind Begriffe aus einer gemeinsamen Fachsprache, die hier natürlich unangemessen sind, die Sie aber bedenkenlos einsetzen können. Denn Sie wollen ja nur eines, dem anderen klarmachen: Das ist nicht ernst gemeint.

Erwartung durchbrechen

Dies ist das einfachste Mittel, andere zum Schmunzeln zu bringen: Sie tun etwas Harmloses, mit dem Ihr Gegenüber nicht rechnet. In peinlichen Situationen sind die Ansprüche stark abgesenkt. Sie können mit ganz banalen Feststellungen befreiende Heiterkeit auslösen.

Beispiel:

Herr Jäger hat einen Vortrag gehalten. Seine Assistentin versucht ihn möglichst diskret darauf aufmerksam zu machen, dass seine Hose offen steht. Dadurch macht sie die Sache erst recht peinlich. Als Herr Jäger begriffen hat, worauf die Assistentin hinauswill, wendet er sich um, schließt die Hose und fragt: „Ist Ihnen vielleicht sonst noch etwas Interessantes aufgefallen?"

Sich selbst auf die Schippe nehmen

Besonders wirksam können Sie Ihre Souveränität herausstellen, wenn Sie einen Scherz machen, der auf Ihre Kosten geht.

Damit lösen Sie zugleich die Anspannung, unter der die anderen stehen. Wer es sich leisten kann, sich selbst auf die Schippe zu nehmen, der fühlt sich sicher. Und je nach Situation kann sich das auch auf die anderen übertragen.

Beispiel:

Geschäftsessen. Es werden Schalentiere serviert. Herr Franke wendet sich an seine Nachbarin: „Ob Sie es glauben oder nicht: Ich habe keine Ahnung, wie man mit diesem Besteck an das Krebsfleisch kommen soll. Ich glaube, ich würde damit nicht mal eine Nuss aufbekommen."

Selbstironie fein dosieren

So erfrischend, ja erlösend es manchmal sein kann, wenn sich jemand selbst nicht ernst nimmt – übertreiben sollten Sie es auf keinen Fall damit. Erstens nutzt sich der Effekt schnell ab, wenn er zur „Masche" wird und Sie Ihre Zuhörer ständig damit behelligen, dass Sie dieses und jenes nicht verstehen oder nicht können. Zweitens ist aber auch so, dass Sie einen zwiespältigen Eindruck hinterlassen, wenn Sie sich ständig über sich selbst lustig machen.

„Mach dich nicht so klein, du bist gar nicht so groß" ist eine der lebensklugen Maximen, die Friedrich Torberg seiner „Tante Jolesch" abgelauscht hat. In diesem Sinn kann Selbstironie rasch zur Selbstgefälligkeit werden.

Setzen Sie sich niemals selbst herab

Es gibt noch eine zweite Einschränkung: Sich selbst auf die Schippe zu nehmen bedeutet nicht, dass man sich selbst erniedrigt. Vor allem in einer Situation, in der man nicht gut aussieht, wirkt es befremdlich, wenn man noch nachlegt und sich besonders schlechte Eigenschaften andichtet. So etwas findet niemand witzig, sondern es vergrößert die Peinlichkeit beträchtlich.

Wann Sie sich Humor verkneifen sollten

So befreiend eine scherzhafte Bemerkung manchmal sein kann, in vielen Fällen ist sie doch nicht angebracht. Im Gegenteil, Sie verschlimmern die Situation noch enorm, wenn Sie mit Humor reagieren. Das gilt vor allem für die „großen Peinlichkeiten“, die uns im nächsten Kapitel beschäftigen. Aber auch in einigen der weniger dramatischen Fälle, von denen in diesem Kapitel die Rede war, sollten Sie sich nicht von Ihrer lustigen Seite zeigen:

- Immer wenn Sie etwas „verbockt“ haben, wirkt es verheerend, wenn Sie dann noch einen Scherz riskieren. Auch wenn Sie es nicht so meinen, entsteht leicht der Eindruck, als wäre Ihnen die Angelegenheit herzlich gleichgültig.
- Reagiert Ihr Gegenüber auf eine harmlose Bemerkung von Ihnen peinlich berührt, ist eine lustige Aufmunterung ebenfalls nicht am Platz, sondern eher Zurückhaltung.
- Ist die peinliche Situation dadurch entstanden, dass sich der andere blamiert hat, kann ein gut gemeinter Scherz nach hinten losgehen: Der andere fasst Ihre Bemerkung so auf, als wollten Sie sich über ihn lustig machen.

Die fatale Distanz

Humor schafft Distanz, haben wir gesagt. Das macht ihn einerseits geeignet, aus unangenehmen Situationen herauszutreten – vor allem, wenn Ihr Gegenüber darauf einsteigt und zumindest schmunzelt. Andererseits ist Humor, auch auf eigene Kosten, völlig fehl am Platz, wenn es darum geht, Mitgefühl zu zeigen oder auszudrücken, dass einem die Situation nahegeht. Es ist ein gar nicht so seltenes Missverständnis: Jemand versucht einen anderen aufzuheitern, der sich schämt. Doch dieser fragt sich: Wie kann der nur so unsensibel sein?

Auf einen Blick: Die kleinen Peinlichkeiten

- Haben Sie den Namen Ihres Gegenübers vergessen oder jemanden falsch angeredet, fragen Sie nach, bevor Sie in Verlegenheit geraten.
- Sind Sie zu einem Anlass unpassend gekleidet, rechtfertigen Sie sich nicht. Werden Sie darauf angesprochen, distanzieren Sie sich beiläufig von Ihrem Outfit. Im Extremfall gehen Sie.
- Sind Sie ins Fettnäpfchen getreten, dramatisieren Sie das Ganze nicht, indem Sie sich wortreich entschuldigen oder dem Betroffenen erklären, das müsse ihm nicht peinlich sein. Stattdessen wechseln Sie taktvoll das Thema.
- Kennen Sie sich bei Regeln der Etikette nicht aus, orientieren Sie sich an Vorbildern oder folgen Ihrer Intuition. Im Zweifel fragen Sie nach. Ist Ihnen bei Tisch ein Missgeschick passiert, verständigen Sie das Personal.

Die größeren Peinlichkeiten

In diesem Kapitel nehmen wir uns die schweren Fälle vor, über die noch jeder „Knigge" den Mantel des Schweigens gebreitet hat, weil seinen Lesern so etwas erst gar nicht passieren darf: handfeste Blamagen, schreckliche Entgleisungen, beschämende Bloßstellungen.

Lesen Sie, wie Sie auch bei solchen Gelegenheiten noch halbwegs unbeschadet davonkommen, etwa,

- wenn Ihr Körper nicht so will wie Sie,
- wenn Sie sich über jemanden böse mokiert haben und derjenige alles mit angehört hat oder
- wenn Sie als Lügner dastehen.

Körperliche Missgeschicke

Will unser Körper nicht so, wie wir wollen, dann wird es schnell sehr peinlich. Eigentlich ist das seltsam, denn wir sind ja alle körperliche Wesen und machen immer wieder die Erfahrung, dass unser Körper uns nicht ganz gehorcht. „Mein Bauch hat seinen eigenen Kopf", hat einmal ein Humorist bemerkt. Als mildernder Umstand kommt noch hinzu, dass wir ja eigentlich anders wollen, also für das, was sich an Unannehmlichkeiten abspielt, gar nicht voll verantwortlich sind. Aber genau hier liegt auch der Grund, weshalb körperliche Missgeschicke uns so besonders peinlich sind: Wir gehen nämlich unter der Voraussetzung miteinander um, dass wir Verantwortung für unser Verhalten tragen. Funkt uns unser Körper dazwischen, dann ist die Situation sehr schnell entgleist (s. „Wenn die Situation entgleist"). Und auch unser Gegenüber ist verunsichert.

Wenn Sie stolpern oder stürzen

Ein Klassiker unter den peinlichen Situationen: Sie schreiten bei einer Abendveranstaltung gravitätisch die Treppe hinunter, eilen freudestrahlend jemandem entgegen, um ihn zu begrüßen; oder Sie erstürmen dynamisch das Podium, um Ihren Vortrag zum Thema „Mehr Erfolg durch Kundennähe" zu halten – und dann passiert es: Ein falscher Schritt, ein Stolperer, und Sie landen womöglich auf dem Erdboden.

Oder auch nicht. Was die Sache kaum besser macht. Denn das eigentlich Fatale an diesen unfreiwilligen Ausfallschritten ist, dass sie uns aussehen lassen wie eine Witzfigur. Und tatsächlich lösen sie bei den Zeugen unseres Auftritts oft unwillkürlich Gelächter aus, was die Sache für alle noch peinlicher macht.

Gelächter grundsätzlich ignorieren

Egal, ob die Sache für Sie schmerzhaft ausgeht oder nicht, das Gelächter der anderen sollten Sie gar nicht erst an sich heranlassen. Überhören Sie es einfach. Damit ist allen geholfen. Denn das Lachen ist kein hämisches Auslachen, sondern eher ein Reflex, der sich dem Überraschungseffekt verdankt. Den Betreffenden ist es später meist selbst peinlich. Wollen diese sich im Nachhinein entschuldigen, machen Sie die Sache kurz. Entweder geben Sie sich ahnungslos („Ich habe nichts gehört ...") oder Sie sagen einfach: „Das ist schon in Ordnung. Es muss auch sehr komisch ausgesehen haben." Damit stellen Sie sich souverän über die Situation.

> Werden Sie Zeuge einer solchen Stolperei und müssen unwillkürlich lachen, sollten Sie ebenfalls darüber hinweggehen. Eine Entschuldigung bringt nichts. Dass sich der andere durch Ihr Gelächter gekränkt fühlt, können Sie damit nicht verhindern. Es ist weit hilfreicher, wenn Sie Ihr Lachen selbst übergehen und Anteilnahme zeigen.

Haben Sie sich wehgetan?

Sind Sie unsanft gelandet, dann fühlen sich manche verpflichtet, Ihnen aufzuhelfen. Ist Ihnen das unangenehm, dann sollten Sie das zum Ausdruck bringen: „Danke, ich komme allein zurecht." Oder: „Lassen Sie mich bitte." Sie können sich abwenden und sich erst einmal sammeln. Dass Ihnen die Situation peinlich ist, sollten Sie *nicht* überspielen.

Peinlichkeit als Schutzschild

Dass Sie sich unangenehm berührt zeigen und sich abwenden, ist in einer solchen Situation angemessen. Sie signalisieren den anderen, dass Sie sich in einem Ausnahmezustand befinden. Augenblicklich legt sich ein Schutzmantel um Sie: Nur extrem rücksichtslose Mitmenschen werden Sie noch behelligen. Man wird Sie in Ruhe lassen. Und das brauchen Sie, um wieder auf die Beine zu kommen. Den anderen ist die Situation nicht weniger unangenehm. Sie können die Sache nicht einschätzen und diese Hilflosigkeit macht die Lage für sie peinlich. Aber diesen Zustand müssen sie eben aushalten.

Alles wieder unter Kontrolle?

Sind Sie wieder halbwegs handlungsfähig, dann sollten Sie das Ihre Mitmenschen wissen lassen. Die eleganteste Lösung ist, wenn Sie kurz mit Humor auf Ihr Missgeschick eingehen und dann an die Situation anknüpfen, die durch Ihren Sturz unterbrochen wurde.

Beispiel:

„Das Buffet ist eröffnet!", verkündet die Gastgeberin. Der rundliche Herr Binder sagt zu seinem Gesprächspartner, Herrn Neulen: „Na, dann wollen wir uns nicht lange bitten lassen." Schreitet dem Buffet entgegen, übersieht eine Stufe und fällt unsanft hin. Dabei tut er sich am Knie weh und rettet sich mit schmerzverzerrtem Gesicht auf einen Sessel. Herr Neulen erkundigt sich besorgt: „Herr Binder, haben Sie sich verletzt?" Doch der sagt nichts und reibt sich nur sein Knie. Um ihn hat sich ein Kreis gebildet. Niemand geht ans Buffet. Herr Binder sammelt sich und fragt: „Traut sich jetzt keiner mehr? Na gut, dann zweiter Versuch!" Er erhebt sich und humpelt dem Buffet entgegen. Die Gäste schmunzeln.

Eine scherzhafte Bemerkung kann eine solche Situation augenblicklich entspannen. Wer scherzt, der bringt damit zum Ausdruck: Es ist nichts passiert. Zugleich ist dies eine wirksame Methode, sich von dem peinlichen Ereignis, dem Sturz, zu distanzieren.

> Haben Sie ein paar extravagante Ausfallschritte hingelegt und sich wieder gefangen, können Sie mit einer scherzhaften Bemerkung sehr schnell zur Normalität zurückfinden.

Was sollen Sie sagen?

Die scherzhafte Bemerkung muss nicht besonders lustig sein. Tatsächlich wäre es fast ein wenig befremdlich, wenn Sie jetzt einen echten Gag äußern würden. Es geht vielmehr darum, dass Sie Ihren Stolperer oder Ihren Sturz leicht humorig kommentieren: „Ich glaube, das sollte ich noch einmal üben." Oder: „Und nächstes Mal mache ich einen Salto dazu." Oder einfach: „Etwas harte Landung." Sinn und Zweck dieser Bemerkung ist ja nur, die anderen wissen zu lassen, dass Sie sich wieder im Normalzustand befinden. Daher kommt es fast mehr darauf an, *wie* Sie Ihre Worte sagen – nämlich mit einem leichten Schmunzeln –, als was Sie genau sagen.

Magen- und Darmgeräusche

Zu Recht sehr gefürchtet sind die Geräusche, die unser „zweites Gehirn" (wie man unseren Verdauungstrakt auch genannt hat) absondert, denn wir haben mit unserem „ersten Gehirn" so wenig Kontrolle über sie. Und sie sind geeignet, unsere Mitmenschen in hohem Maße zu irritieren.

Wenn sich der Magen meldet

Am harmlosesten sind noch Magengeräusche, aber auch die können ein ernsthaftes Gespräch lahmlegen. Meldet sich Ihr Magen einmal, können Sie noch darüber hinweggehen. Ansonsten hilft es oft, wenn Sie ein Glas Wasser zu sich nehmen.

Bitten Sie also darum oder versorgen Sie sich selbst. Von sich aus sollten Sie nicht unbedingt den tieferen Grund nennen, sondern einfach sagen: „Ich brauche jetzt ein Glas Wasser." Aus einer Gruppe können Sie sich diskret entfernen, um die Magengeräusche in den Griff zu bekommen. Erst wenn Sie darauf angesprochen werden, sollten Sie die anderen wissen lassen, dass Sie Ihren „Magen beruhigen" möchten.

Was tun bei Blähungen?

Leiden Sie unter Blähungen, dann ergibt sich zwangsläufig eine peinliche Situation. Sie können sie nur dadurch entschärfen, dass Sie umgehend das Weite suchen und sich an einem stillen Örtchen Erleichterung verschaffen. Ihren Abgang brauchen Sie nicht näher zu kommentieren. Ein einfaches „Entschuldigen Sie mich bitte!" sollte genügen. Auf „vielsagendes" Geschmunzel oder Geschnüffel Ihres Gegenübers sollten Sie gar nicht erst reagieren. Eine solche Reaktion ist kränkend und einfach unangemessen – zumindest wenn Sie nicht gerade unter Freunden sind. Von Ihnen kann zumindest erwartet werden, dass Sie sich bemühen, das Problem möglichst unauffällig in den Griff zu bekommen.

Beispiel:

Herr Grothe führt ein Kundengespräch und wird plötzlich von Blähungen gepeinigt. Er steht auf. „Bitte, entschuldigen Sie mich", lässt er seine Kundin wissen. „Ja, was ist denn los? Warum gehen Sie denn?", fragt diese verständnislos. Offenbar hat sie nichts bemerkt. „Nichts Schlimmes. Ich bin sofort wieder bei Ihnen", versichert Herr Grothe und verlässt den Raum.

Blähungen sind ein Tabuthema. Es ist nicht üblich, gegenüber anderen darüber ein Wort zu verlieren. Auch nicht, wenn sie nachfragen. Erst wenn Ihr Gegenüber den Sachverhalt beim Namen nennt, sollten Sie Stellung beziehen.

Lach- und Hustenanfälle

Im Alltag verlieren wir selten so sehr die Beherrschung, wie wenn wir von einem Husten- oder von einem Lachanfall überwältigt werden. Hier heißt die Devise: Suchen Sie das Weite. Erklärungen müssen Sie nicht abgeben, wenn Sie diese nicht herausbringen. Sie befinden sich in einem Ausnahmezustand. Sogar wenn Sie Ihren Gesprächspartner irritiert zurücklassen, tun Sie das. Es ist allemal besser, als in Gegenwart des anderen die Kontrolle über sich zu verlieren.

Erklärungen können Sie nachliefern

Erst wenn sich Ihr Zustand wieder stabilisiert hat, sollten Sie zu Ihrem Gesprächspartner zurückkehren. Dann können Sie ihm erklären, warum Sie ihn so fluchtartig verlassen mussten. Dabei dürfen Sie für einen Lachanfall eher wenig Verständnis erwarten. Der erweckt den Eindruck, als hätten Sie sich nicht unter Kontrolle. Außerdem schwingt immer der Argwohn mit, dass vielleicht Ihr Gesprächspartner der Anlasse für Ihren Lachanfall gewesen sein könnte. Womöglich ist es also besser, wenn Sie erklären, Ihnen sei plötzlich unwohl geworden – was ja nur halb gelogen ist.

Erwischt Sie ein Lach- oder Hustenanfall bei einem Telefonat, sollten Sie es sehr schnell beenden. Halten Sie sich nicht mit Erklärungen auf, die Sie in einem normalen Zustand viel besser geben können. Im Ernstfall: Legen Sie auf und rufen Sie zurück, wenn sich die Lage normalisiert hat.

Was tun bei Schluckauf?

Ein Schluckauf ist nicht so schlimm wie ein Husten- oder Lachanfall. Sie sollten also nicht fluchtartig das Weite suchen. Und doch ist der Schluckauf eine starke Beeinträchtigung. Ein ernsthaftes Gespräch sollten Sie keinesfalls führen, solange Sie vom Schluckauf geplagt werden. Das wirkt grotesk, Sie machen sich unmöglich. Bitten Sie Ihr Gegenüber, das Gespräch kurz zu unterbrechen. Womöglich müssen Sie es auch abbrechen – wenn Sie den Schluckauf trotz aller Gegenmittel (Luftanhalten und bis zehn zählen, überlegen, was Sie gestern gegessen haben) nicht in den Griff bekommen.

Schlecht riechende Mitmenschen

Es wird allenfalls hinter vorgehaltener Hand darüber gesprochen, aber für viele Menschen gehört es zu den peinlichsten Situationen überhaupt: den Raum mit einem Mitmenschen zu teilen, der nicht gut riecht, ja der regelrecht stinkt. Der Kern des Problems besteht darin, dass wir unseren Mitmenschen nicht einfach so mitteilen können, dass sie übel riechen. Der Körpergeruch ist etwas sehr Persönliches, ja Intimes. Nur mit Menschen, die uns wirklich vertraut sind, können wir unbefangen darüber reden.

Das unvermeidliche Herumgedruckse

Weil die Sache nicht offen angesprochen werden kann, drucksen wir herum. Körperlich gehen wir auf die Distanz. Manche reiben sich oft die Nase oder atmen durch den Mund. All das erhöht die Peinlichkeit noch – und zwar zunächst einmal nur für uns. Der andere ist meist völlig ahnungslos, spürt nur eine diffuse Ablehnung, die ihn vielleicht verstimmt, aber nicht peinlich berührt. Erst wenn ihm der wahre Grund aufgeht, stürzt er in einen Abgrund von Peinlichkeit. Er *kann* darauf gar nicht unbefangen reagieren. Er muss sich in Grund und Boden schämen. Deshalb sollten Sie nie jemanden direkt damit konfrontieren – schon gar nicht, wenn Dritte anwesend sind.

Vielleicht meinen Sie, erst das Gedruckse mache die Sache peinlich und man sollte dem anderen beherzt zu verstehen geben, dass er nicht gut riecht. Bedenken Sie: Für den anderen gibt es kaum eine schwerere Kränkung und schärfere Ablehnung, als ihn wissen zu lassen: Ich kann Sie nicht riechen.

Körpergerüche

Wir müssen unterscheiden: Es gibt Menschen, die geraten leichter ins Schwitzen, andere sind von Natur aus mit einem nicht sehr angenehmen „Grundaroma" ausgestattet, und wieder andere befinden sich nur ausnahmsweise und vorübergehend in einem Zustand, in dem sie nicht gut riechen – z.B. weil sie in Eile waren oder unter Blähungen leiden. In solchen Fällen gebietet es das Taktgefühl, über den unangenehmen Geruch, so gut es eben geht, hinwegzusehen. Reißen Sie sich zusammen. Peinliche Situationen zu meistern erfordert eben manchmal ein hohes Maß an Selbstdisziplin. Und trösten Sie sich: Die Beeinträchtigung durch den Geruch ist am Anfang am schlimmsten und lässt dann nach.

Mangelnde Körperpflege

Etwas anders liegt der Fall, wenn es sich um ein dauerhaftes Thema handelt und die geruchlichen Emissionen Ihres Gegenübers ein tolerables Maß überschreiten. Mit einem Wort: wenn der andere einfach stinkt, weil er seine Körperpflege vernachlässigt. Dann ist es geboten, ihn auf dieses Problem diskret aufmerksam zu machen. Dies kann in einem vertraulichen Gespräch mit dem Vorgesetzten geschehen, den Sie darum bitten können. Allerdings sollten Sie das nur tun, wenn Sie ein Mindestmaß an Vertrauen in das Fingerspitzengefühl Ihres Chefs haben. Sonst kann die Aktion auch nach hinten losgehen („Müller, waschen Sie sich mal, Ihr Kollege Schulze hat sich schon bei mir beschwert ...").

Der andere sollte sein Gesicht wahren können

Je nachdem, wie der Fall gelagert ist, bieten sich unterschiedliche Methoden an, den anderen diskret aufzufordern, seine Körperpflege zu intensivieren (oder überhaupt erst für sich zu entdecken). So könnten zwei Kollegen verabreden, in Gegenwart des Betreffenden über einen gemeinsamen „Bekannten" zu sprechen. Das sei ja ein netter Kerl, aber leider nehme er es mit der Körperhygiene nicht so genau ... Der entscheidende Punkt ist: Geben Sie dem anderen eine Chance, seine Körperpflege zu verbessern – ohne dass er sich dazu äußern muss. Das würde für ihn nämlich einen Gesichtsverlust bedeuten. Da stellen sich die meisten lieber stur.

Ignoriert Ihr Gegenüber jeden diskreten Hinweis auf seinen Geruch, können Sie schon ein wenig deutlicher werden. Handelt es sich um eine erhebliche Beeinträchtigung, sollten Sie das Problem offen ansprechen.

Problemfall Mundgeruch

Das Fatale beim Mundgeruch ist, dass die Betroffenen meist völlig ahnungslos sind. Sie haben es nicht an Zahnpflege fehlen lassen. Es ist keine böse Absicht oder Rücksichtslosigkeit, sie nehmen das Problem gar nicht wahr, weil sie es gar nicht wahrnehmen können. „Eigentlich" wären sie sogar dankbar für einen diskreten Hinweis, denn durch ihren Mundgeruch haben sie ja nur Nachteile. Und doch tun wir uns ungeheuer schwer, den anderen das mitzuteilen. Das scheint sogar ein internationales Problem zu sein. In den USA gibt es einen eigenen Internetdienst, der sich darauf spezialisiert hat, Menschen anonym und diskret darauf hinzuweisen, dass sie etwas gegen ihren Mundgeruch tun sollten.

Manche Menschen behelfen sich damit, dass sie den Betroffenen scharfe Pfefferminzbonbons anbieten. Manchmal klappt es, aber viele verstehen den diskreten Hinweis nicht.

Wird Ihnen ständig „Atemfrei" oder „Fisherman's Friend" unter die Nase gehalten, sollten Sie etwas nachdenklich werden.

Der Trick mit der Zungenbürste

Mundgeruch entsteht häufig nicht durch mangelnde Zahnhygiene, sondern durch Ablagerungen auf der Zunge. Daher können Sie Mundgeruch am wirksamsten bekämpfen, indem Sie Ihre Zunge einmal täglich abbürsten. Dafür gibt es spezielle Zungenbürsten. Diese kann man dem Betreffenden bedenkenlos empfehlen – ganz allgemein, ohne Hinweis auf ein konkretes Problem. Ja, Sie können berichten, wie Sie selbst von dieser praktischen Bürste Gebrauch machen.

Vertraulicher Hinweis

Und doch werden Sie manchmal nicht umhinkönnen, das Problem direkt anzusprechen. Denn der andere weiß ja häufig noch immer nicht, was ihm da anhaftet. In so einem Fall kann ein Gespräch unter vier Augen weiterhelfen, wenn Sie zu demjenigen ein gutes persönliches Verhältnis haben. Machen Sie keine Staatsaffäre aus dem Problem, sondern seien Sie diskret. Ein kleiner Kunstgriff: Sie berichten, wie Sie selbst jemand auf das gleiche Problem angesprochen hat ... Als allerletztes Mittel kann der anonyme wohlmeinende Hinweis in Frage kommen. Sie sollten sich aber darüber im Klaren sein, dass darin schon eine gewisse Demütigung besteht. Niemand hat den Mumm, mir das in Gesicht zu sagen, muss der andere erkennen. Daher ist ein vertrauliches Gespräch fast immer vorzuziehen.

Beruflich bis auf die Knochen blamiert

Die typischen Blamagen im Berufsleben drohen aus zwei Richtungen: Entweder erweisen Sie sich als inkompetent. Oder Ihr Chef, Ihre Kollegen oder Ihre Kunden müssen sich Dinge mit anhören, die definitiv nicht für ihre Ohren bestimmt sind.

Sie kennen sich nicht aus

Wird unsere berufliche Kompetenz in Frage gestellt, empfinden wir das häufig als Bedrohung. Dabei kommt es gar nicht so sehr darauf an, ob wir der Chef sind oder nur ein „kleiner Angestellter". Gelingt es uns nicht, unseren angekratzten Ruf wiederherzustellen, kann das sehr quälend sein und noch lange an unserem Selbstbewusstsein nagen.

Beispiel:

Herr Lüdecke arbeitet in einem Weinfachhandel. Ein Kunde sucht einen „fruchtigen, körperreichen Bordeaux mit nicht so viel Tanninen". Herr Lüdecke greift zu einer Flasche: „Hier, ein Château La Roquette. Das ist etwas ganz Feines. Eine Note von Himbeeren und Kakao." Der Kunde schaut auf die Flasche und erklärt herablassend: „Also, ich kenne den Wein gut. Der ist nun gerade nicht fruchtig." Die Ohren von Herrn Lüdecke färben sich rot.

Ausflüchte machen die Blamage erst perfekt

Es spielt keine Rolle, ob der Chef, unser Kollege oder ein Kunde bei uns die Wissenslücke aufdeckt. Wir wollen nicht als Trottel dastehen. Deshalb arbeiten wir gegen die drohende Blamage an. Manche versuchen noch Eindruck zu schinden, indem sie auf ein Thema umlenken, bei dem sie sich gut auskennen. Andere bemühen sich, ihren Irrtum zu vertuschen, indem sie sich auf ein „Missverständnis" herausreden. Aber solche Manöver machen die Situation erst richtig peinlich.

Beispiel:

Herr Lüdecke versucht sicheren Boden unter die Füße zu bekommen: „Nein, der ist natürlich nicht fruchtig. Habe ich auch nicht gesagt. Aber ein exzellenter Wein. Das habe ich gesagt. Auf der Weinmesse in Bordeaux hat er den dritten Preis gewonnen." – „Aha", bemerkt der Kunde. „Und deshalb versuchen Sie den jetzt allen Ihren Kunden anzudrehen."

Ablenkungsmanöver lassen Sie hilflos und unprofessionell erscheinen. Manche fühlen sich dadurch erst recht herausgefordert, Ihnen so richtig auf den Zahn zu fühlen. Aber auch wenn der andere Sie davonkommen lässt, haben Sie Ihren Ruf eher beschädigt als wiederhergestellt. Der andere will Sie lediglich nicht noch weiter bloßstellen.

Souverän mit den eigenen Wissenslücken umgehen

Natürlich ist es nicht angenehm, wenn man dabei ertappt wird, dass man sich nicht auskennt. Doch muss die Situation deshalb nicht gleich ins Peinliche umschlagen. Anstatt die Wissenslücken zu leugnen, können Sie sich der Tatsache auch stellen. Es wirkt wesentlich souveräner, wenn Sie in solchen Situationen nicht gleich eine Verteidigungshaltung einnehmen, sondern erst einmal versuchen, der Sache auf den Grund zu gehen.

Beispiel:

Herr Lüdecke reagiert auf die Richtigstellung erstaunt: „Ach? Der Château La Roquette ist nicht fruchtig? Ich habe ihn selbst noch nicht probiert, aber ein Kollege hat mir berichtet, dass er eine kräftige Fruchtnote hat." – „Dann hat Ihr Kollege keine Ahnung", bemerkt der Kunde. „Also, ich will meinem Kollegen da nicht zu nahe treten", bemerkt Herr Lüdecke. „Vielleicht habe ich ihn da auch missverstanden."

Wenn der Kunde besser Bescheid weiß als Sie

Versierte Verkäufer wissen ohnehin: Es ist kein Unglück, wenn der Kunde über das Produkt oder die Dienstleistung, die sie anbieten, bestens im Bilde ist. Im Gegenteil, häufig genießt er es, wenn er sich gegenüber dem Verkäufer ein wenig produzieren kann. Nehmen Sie es also gelassen und erkennen Sie seine Kompetenz an. Machen Sie ihm ein aufrichtiges Kompliment – und die Situation ist nicht mehr peinlich. Auf keinen Fall sollten Sie versuchen zu beweisen, dass Sie der Experte sind und nicht er. So etwas verärgert ihn nur.

Kollegen und Chefs stoßen auf Wissenslücken

Auch wenn Ihre Kollegen oder Ihr Vorgesetzter Sie fachlich auf dem falschen Fuß erwischen, vergrößert es die Peinlichkeit, wenn Sie sich aus der Sache herauszuwinden versuchen. Das wird den Ehrgeiz der anderen eher noch beflügeln, Sie nicht davonkommen zu lassen. Und in solchen entwürdigenden Prozeduren sein Nichtwissen und seine Inkompetenz nach und nach auf den Tisch legen zu müssen, ist bei weitem peinlicher als sofort einzuräumen: „Da kenne ich mich nicht aus." Oder: „Das habe ich vergessen."

Sie haben einen Fehler gemacht

Anders liegt der Fall, wenn Sie einem Kunden eine falsche Information gegeben haben und ihm womöglich sogar ein Schaden entstanden ist. Dann geht es darum, der Sache in aller Ruhe auf den Grund zu gehen. Ist das Anliegen des Kunden berechtigt, müssen Sie sich entschuldigen und die Sache wiedergutmachen. Es ist kein Nachteil, wenn der Kunde merkt, dass Ihnen die Angelegenheit peinlich ist. Vielmehr bringen Sie dadurch zum Ausdruck, dass Ihr Versehen Sie stark berührt. Das kann regelrecht entwaffnend wirken – solange Sie sich bemühen, Ihren Fehler wiedergutzumachen.

Haben Sie einen „Bock geschossen"?

„Wer hat das verbockt?!", donnert Ihr Vorgesetzter. Eine peinliche Situation, ohne Frage, wenn Sie dafür verantwortlich sind. Da müssen Sie durch. Am glimpflichsten kommen Sie davon, wenn Sie sich an folgende Faustregeln halten:

So gehen Sie vor

1. Solange sich Ihr Chef austobt, widersprechen Sie ihm nicht, geben Sie knappe Antworten und stellen Sie ansonsten auf Durchzug.
2. Geben Sie Fehler zu und entschuldigen Sie sich.
3. Suchen Sie nach einer Lösung: Was ist jetzt zu tun?

Mit diesem Dreischritt können Sie solche Peinlichkeiten erheblich entschärfen. Denn Sie geben Ihrem Chef erst einmal Gelegenheit, Dampf abzulassen. In der betreffenden Situation ist das zwar nicht sehr angenehm, aber es kommt Ihnen später zugute. Wenn Sie Ihren Fehler einräumen und sich entschuldigen, gibt es zu diesem Thema eigentlich nichts mehr zu bereden. Sie verhindern, dass sich das Gespräch an diesem unangenehmen Punkt festhakt: dass Sie einen Auftrag verschlampt, einen Termin überschritten haben oder irgendetwas anderes angerichtet haben. Schließlich sind Sie ja bemüht, konstruktiv nach einer Lösung zu suchen: Was muss in Zukunft getan werden? Das ist geradezu ein „Killerargument", mit dem Sie verhindern, dass weiter ausführlich über Ihre Fehler gesprochen wird. „Jetzt lassen Sie uns doch mal überlegen, wie wir so etwas in Zukunft verhindern?"

Manche Mitarbeiter haben auch ihre ganz eigenen Ablenkungsstrategien entwickelt. Sie kennen ihren Chef so gut, dass sie wissen, welche Reizwörter sie aussprechen müssen, damit ihr Vorgesetzter plötzlich bei seinem Lieblingsthema ist und sie aus der Schusslinie geraten.

Botschaften für die falschen Ohren

Es handelt sich um eine der schlimmsten Blamagen, die Ihnen zustoßen kann. Und die Folgen können sehr weitreichend sein: zerstörtes Vertrauen, geplatzte Aufträge oder auch blanker Hass. Das Unglück kommt dadurch zustande, dass Sie sich mit jemandem austauschen und ein Dritter zufällig mithört, der diese Unterhaltung nun gerade nicht mit anhören soll. Sie lästern etwa mit einem Kollegen über Ihren Chef, und der wird unfreiwillig Zeuge Ihres Gesprächs. Oder ein Kollege frotzelt Sie an, welchen „ahnungslosen Dummkopf" Sie gerade „über den Tisch gezogen" haben – und der vermeintliche „Dummkopf", nämlich Ihr Kunde, bekommt diesen eigenartigen Scherz mit.

Hat der andere „nichts gehört"?

Es gibt zwei Varianten. Die ungünstigere: Die Sache fliegt regelrecht auf. Das heißt, Sie entdecken, dass Ihr Vorgesetzter die ganze Zeit zugehört hat, womöglich kreuzen sich Ihre Blicke. Oder Ihr Kollege, über dessen Eigenarten Sie sich gerade lustig gemacht haben, sitzt hinter Ihnen in der Kantine. In solchen Situationen kann keiner sein Gesicht wahren. Der Vorgesetzte kann nicht darüber hinwegsehen, dass Sie über ihn gelästert haben. Denn er weiß ja, dass Sie wissen, dass er alles mitbekommen hat.

Etwas anders liegt der Fall, wenn einem unfreiwilligen Zeugen zumindest noch die Möglichkeit offensteht, so zu tun, als habe er nichts gehört. Kluge Chefs machen sich daher auch immer bemerkbar, bevor sie ein Büro betreten, in dem womöglich über sie gelästert wird.

Denn es ist natürlich so, dass „eigentlich" jeder weiß, dass die Mitarbeiter gerne mal über ihren Vorgesetzten tratschen und dabei gewiss nicht jedes Wort auf die Goldwaage legen. Das Problem ist nur, dass Ihr Chef Ihren Spott nicht ignorieren kann, wenn er ihn ganz offensichtlich mit anhören musste.

> Gleichgültig, wie sich das Opfer einer Lästerei weiter verhalten wird, Sie können eigentlich nur eines tun: den Mund halten. Alle Erklärungen und Rechtfertigung verschlimmern die Blamage nur noch.

Kühlen Kopf bewahren bei Beschwerden

Es gibt einen verwandten Fall, der nicht ganz so peinlich enden muss: Sie sind gerade dabei, einen Kunden zu beraten, da kommt ein anderer Kunde hinzu und fängt an, sich lautstark zu beschweren. Dadurch verbreitet er schlechte Stimmung, womöglich springt Ihnen der erste Kunde ab. Diese peinliche Situation können Sie meistern, wenn Sie im Umgang mit dem Beschwerdeführer die folgenden drei Hinweise beherzigen:

- Weisen Sie die Anschuldigungen zurück: „Ich kann mir nicht vorstellen, dass das stimmt, was Sie da sagen."
- Zeigen Sie sich höflich und kooperativ: „Ich kümmere mich sofort darum." Sie würden bei dem Kunden, den Sie noch gewinnen möchten, keinen guten Eindruck hinterlassen, wenn Sie die Beschwerde einfach ignorierten.
- Trennen Sie die beiden Gespräche und sorgen Sie dafür, dass der Kunde, der sich beschweren möchte, bei Ihrem Kundengespräch nicht zuhören kann. Sonst mischt er sich noch ein.

Sie können sich Achtung und Sympathie erwerben, wenn Sie mit dem Störenfried höflich, aber selbstbewusst umgehen.

Beim Lügen ertappt

Angeblich sagen wir mehrmals am Tag die Unwahrheit, doch wenn das ans Licht kommt, dann sind sogar kleine Lügen peinlich. Denn wer als Lügner dasteht, mit dem ist der Umgang schwierig. Die meisten Situationen setzen voraus, dass wir einander unterstellen, halbwegs bei der Wahrheit zu bleiben. Kommt heraus, dass einer gelogen hat, ist die Situation entgleist, mit einem Wort: ins Peinliche umgekippt.

Der entlarvte Lügner blamiert sich

Wichtig ist, den Unterschied zu begreifen: Die Situation wird nicht dadurch peinlich, dass jemand nicht ganz bei der Wahrheit bleibt. Häufig lassen wir uns irgendetwas erzählen und machen uns unseren eigenen Reim darauf. Der andere übertreibt, schmückt aus, wertet seine eigene Rolle stark auf, was auch immer. Das ist nicht peinlich, sogar wenn wir durchblicken lassen, dass wir nicht alles für bare Münze nehmen.

Peinlich wird es erst, wenn der eine den anderen nicht mehr für vertrauenswürdig halten kann, weil dieser ganz offensichtlich die Unwahrheit gesagt hat. Darauf lässt sich kein vernünftiges Gespräch mehr aufbauen.

Beispiel:

Herr Uhlig erzählt von seiner Reise nach Sankt Petersburg. „Wenn man Ihnen so zuhört, könnte man denken, Sie wären da aufgewachsen", bemerkt Frau Neves ein wenig spöttisch. „Na ja, und dann waren wir noch in der Eremitage. Also besonders gut gefallen hat mir Tizians Venus mit dem Spiegel", berichtet Herr Uhlig. „Aha", erwidert Frau Neves, „das Gemälde wird doch aber gerade bei einer großen Tizian-Ausstellung in New York gezeigt …"

So ein Gespräch lässt sich kaum fortsetzen, es ist äußerst peinlich, auch für den, der die Lüge durchschaut. Deshalb verzichten manche darauf, den Lügner wirklich zu entlarven, und belassen es bei einer Andeutung. Das ist taktvoll, denn die Situation lässt sich dadurch noch retten. Daher sollten Sie sich ebenso verhalten, wenn sich in einem Gespräch abzeichnet, dass Ihr Gesprächspartner nicht bei der Wahrheit geblieben ist.

Warum gerade kleine Lügen so peinlich sind

Seltsamerweise sind es gerade die kleinen, dummen, völlig überflüssigen Lügen, die uns besonders tief in den Sumpf der Peinlichkeit hineinziehen. Der Grund: Unser Gesprächspartner rechnet einfach nicht damit, dass wir ihn angelogen haben. Er ist vielleicht nur etwas irritiert und fragt völlig unbefangen weiter nach, bis wir ins Stammeln geraten und kein Zweifel mehr möglich ist, dass wir gelogen haben.

Beispiel:

Herr Pepperberg verabschiedet Herrn Lüdecke, mit dessen Firma er gerade ein Projekt abgeschlossen hat. Beide überschütten sich mit Komplimenten, wie gut die Zusammenarbeit geklappt hat. „So etwas erlebt man nicht immer", stellt Herr Lüdecke fest. „Wenn ich da so an Ihre Wettbewerber denke ..." Dadurch ist das Interesse von Herrn Pepperberg geweckt: „Ach! An wen denken Sie da speziell?" Herr Lüdecke windet sich ein wenig und nennt den Namen eines Mitbewerbers. „Die haben ihre besten Tage wohl hinter sich", bemerkt er kennerhaft. „Ach, das ist ja interessant!", entfährt es Herrn Pepperberg. „Mit wem hatten Sie denn zu tun? Mit dem alten Herrn Winkels?" – „Äh, ja, ich glaube schon", stammelt Herr Lüdecke. „Es ist schon ein bisschen her ..."

Durch solche Lügen machen wir uns unmöglich. Unser Gegenüber kann nicht nachvollziehen, wieso wir die Unwahrheit gesagt haben. Unsere Vertrauenswürdigkeit ist dahin.

Bequeme Lügen im Beruf

Beispiel:

> Ihr Vorgesetzter fragt Sie, ob Sie einen bestimmten Auftrag schon erledigt haben. Sie sind noch nicht dazu gekommen, haben aber keine Lust, sich von ihm einen Vortrag anzuhören, dass Sie Ihre Arbeit falsch einteilen. Außerdem werden Sie den Auftrag noch rechtzeitig erledigen. Also vereinfachen Sie die Sache und verkünden: „Ja, ja, das habe ich gestern schon weggeschafft." – „Dürfte ich das mal sehen?", fragt Ihr Chef zurück.

Solche Bequemlichkeitslügen sind gerade im Beruf außerordentlich verbreitet. Das ändert nichts daran, dass es peinlich ist, wenn sie auffliegen. Und doch ist es ratsam, die kleine Blamage in Kauf zu nehmen, um eine große abzuwenden.

Verstricken Sie sich nicht in einem Geflecht von Notlügen

Ist Ihr Chef einer Bequemlichkeitslüge auf der Spur, empfiehlt es sich, ohne Umschweife alles zuzugeben. Haben Sie ein gutes Verhältnis zu Ihrem Chef, kann das sogar mit einem gewissen Augenzwinkern geschehen.

Beispiel:

> Ihr Chef will den Bericht sehen, den Sie noch nicht geschrieben haben. Sie schauen kurz im Computer nach. „Ach, ich glaube, ich habe den Bericht noch gar nicht geschrieben. Ich habe da was verwechselt. Entschuldigen Sie bitte."

Auch wenn Ihr Chef die kleine Lüge durchschaut, Sie vielleicht auch deswegen rüffelt – der Schaden hält sich in Grenzen. Auf keinen Fall sollten Sie weitere Notlügen hinzudichten in der Meinung, irgendwie kämen Sie da schon raus. Denn je komplizierter die Sache wird, umso eher fliegen Sie auf. Und umso stärker wird der Wunsch, Sie auffliegen zu lassen. Außerdem ist eine kleine Lüge weit eher verzeihlich als ein ganzes Lügengespinst. Damit stellen Sie sich völlig ins Abseits.

Nebelkerzen werfen

Eine bewährte Methode, noch halbwegs unbeschadet aus solchen Situationen herauszukommen: Sie lenken ab, Sie stiften Verwirrung, Sie verursachen irgendein „Missverständnis", das sich nur mit Mühe wieder aufklären lässt. Wohlverstanden: Sie produzieren keine weiteren Lügen, mit denen Sie sich nur noch tiefer in die Blamage hineinreiten. Vielmehr müssen Sie es schaffen, dass das Gespräch in eine neue Spur kommt. Allzu durchsichtig darf das nicht geschehen. Aber es ist immer wieder erstaunlich, mit welch geringen Mitteln es dann doch gelingt, Nebelkerzen zu werfen:

- „Ach, da fällt mir ein ... Habe ich Ihnen eigentlich schon erzählt, dass ..." Und dann präsentieren Sie ein Reizthema, auf das der andere zuverlässig anspringt.
- „Also, das verstehe ich nicht ... Warum ist es eigentlich so, dass ..." Und dann lassen Sie sich irgendeinen komplizierten Sachverhalt erklären, der Sie noch nie interessiert hat, Ihren Gesprächspartner aber auf neue Gedanken bringt. Vergessen Sie nicht, immer wieder einzuhaken.

- „Wollen Sie mir etwa unterstellen, ich hätte ..." Und dann nennen Sie irgendeinen Vorwurf, den Ihnen niemand macht, über den Sie sich aber aufregen dürfen. Und Ihr Gegenüber muss Ihnen versichern, dass niemand daran denkt, Ihnen diese Sache vorzuwerfen.

In drei Schritten aus dem Desaster

Es gibt Situationen, die sind so unsagbar peinlich, dass wir am liebsten im Boden versinken würden.

- Wir befinden uns in einem körperlichen Zustand, in dem wir hilflos sind und uns nicht normal äußern können.
- Wir haben uns böse über jemanden lustig gemacht – er hat alles mit angehört und steht uns nun gegenüber.
- Wir sind bei einer faustdicken Lüge ertappt worden, wir haben das Vertrauen von jemandem missbraucht und ihn hintergangen oder ein Versprechen gebrochen.

In diesen Situationen empfiehlt sich Folgendes:

So gehen Sie vor
1. Sagen Sie jetzt nichts ...
2. Zeigen Sie sich peinlich berührt.
3. Bieten Sie Wiedergutmachung an.

1 Sagen Sie jetzt nichts ...

Was dann? Wie sollen wir solche Situationen „meistern"? Die Antwort ist: Am besten ist es, gar nichts zu sagen. Nicht einmal, wenn uns der andere dazu auffordert, uns anbrüllt, wir sollten doch etwas sagen – wir reagieren nicht, sondern machen innerlich die Schotten dicht. Jede Erklärung, jede Rechtfertigung, sogar jede Entschuldigung würde die Peinlichkeit erhöhen. Denn es gibt in diesem Moment nichts zu erklären. Das heißt nicht, dass Sie später die Sache nicht noch richtigstellen oder um Verständnis bitten könnten. Nur sollten Sie in der betreffenden Situation darauf verzichten.

2 Zeigen Sie sich peinlich berührt

Dass wir uns in solchen Situationen am liebsten verkriechen würden, unsere Schuhspitzen anstarren und überhaupt ein ziemlich jämmerliches Bild abgeben, ist vollkommen angemessen. Wenn wir unter diesen Umständen nicht peinlich berührt wären, dann müssten wir schon sehr abgebrüht sein. Und diesen Eindruck würden auch unsere Mitmenschen von uns bekommen.

3 Bieten Sie Wiedergutmachung an

Erst mit zeitlichem Abstand sollten Sie daran denken, behutsam den Kontakt zu demjenigen wieder aufzubauen, vor dem Sie sich bis auf die Knochen blamiert haben. Der Schock, das Entsetzen und die Enttäuschung sind nicht mehr ganz so frisch. Woran Sie nun denken können: Entschuldigen Sie sich, ohne sich zu rechtfertigen und zeigen Sie eine Geste der Wiedergutmachung, ohne Bedingungen und ohne den Eindruck zu erwecken, Sie wollten sich freikaufen.

Auf einen Blick: Die größeren Peinlichkeiten

- Befinden Sie sich durch ein körperliches Missgeschick, in einem Ausnahmezustand, nehmen Sie sich Zeit, um sich zu sammeln, und zeigen Sie den anderen, wie Sie sich fühlen, indem Sie sich diskret abwenden.
- Treffen Sie auf übel riechende Mitmenschen, geben Sie Ihnen vertraulich Hinweise zur Körperhygiene, etwa, indem Sie das Beispiel eines Dritten nennen oder von sich selbst erzählen. In einer Ausnahmesituation ignorieren Sie den Geruch ganz.
- Werden Sie bei einem Fehler oder einer Wissenslücke ertappt, streiten Sie nichts ab. Dadurch blamieren Sie sich noch mehr. Machen Sie lieber einen konstruktiven Lösungsvorschlag.
- Haben Sie über jemanden hergezogen und dieser hat alles mit angehört, lässt sich die Situation im Moment nicht retten. Nach einiger Zeit können Sie eine Wiedergutmachung anbieten.
- Werden sie der Unwahrheit überführt, verheddern Sie sich nicht in einem Lügengespinst. Bei Flunkereien können Sie sich mit Ablenkungsmanövern behelfen. Bei handfesten Lügen sagen Sie nichts und halten Ihre Scham aus.

Jemand will Sie bloßstellen

Leider können Sie nicht immer darauf vertrauen, dass Ihnen die anderen helfen, aus einer peinlichen Situation herauszukommen. Manchmal ist Ihr Gegenüber gerade daran interessiert, Sie erst richtig in Verlegenheit zu bringen.

Dabei lassen sich drei Methoden unterscheiden, die das folgende Kapitel beschreibt:

- Der andere will Sie mit einer „Bemerkung" in Verlegenheit bringen,
- jemand äußert sich hämisch, ja verächtlich über Sie oder
- er stellt Ihnen eine Falle, damit Sie sich blamieren.

Unangenehme Bemerkungen

Wenn jemand Sie in Verlegenheit bringen will, dann muss er Sie gar nicht persönlich angreifen. Es genügt, wenn er ein Thema berührt, auf das Sie empfindlich reagieren. Entscheidend dabei: Er muss es auf eine Art und Weise tun, die Sie als völlig unangemessen empfinden. Dann haben Sie nur die Möglichkeit, den anderen zurechtzuweisen oder sich beschämt zu zeigen. Und genau darauf legt es der andere an.

Tabuthemen gesucht

Unangenehme Bemerkungen betreffen Tabuthemen wie Sex, Religion oder Krankheit. Auch wenn Ihnen etwas besonders wichtig ist, kann Ihr Gegenüber das aufgreifen: Ihre Haltung in ethischen oder politischen Fragen, zu Tierversuchen oder der Todesstrafe beispielsweise.

Beispiel:

Mittagessen in der Kantine. Herr Lutz erzählt mit Seitenblick auf seine Kollegin Frau Waldschmidt, die sehr religiös ist, dass „die Klöster ja früher alle Bordelle waren". Frau Waldschmidt stochert schweigend in den Erbsen herum.

Der andere steht drüber

Mit seiner Bemerkung zeigt Ihr Gesprächspartner, dass ihn das betreffende Thema nicht besonders berührt. Er nimmt sich die Freiheit, ohne jeden Respekt darüber zu reden. Dadurch wirkt er abgebrüht und unempfindlich – wie jemand, der selbst nicht in Verlegenheit zu bringen ist. Um den angestrebten Effekt zu erreichen, muss er die Zuhörer allerdings auf seiner Seite wissen – sonst geht die Bemerkung nach hinten los. Er selbst würde von allen anderen als peinlich empfunden werden und sich damit ins Abseits stellen.

Die Keule des „politisch Unkorrekten"

Eine beliebte Methode, um seine geschmacklosen Bemerkungen zu rechtfertigen: Man erklärt sie für „politisch unkorrekt". Damit klopft man sich selbst auf die Schulter und bringt zum Ausdruck: Seht her, ich trau mich was. Das stellt die Verhältnisse natürlich auf den Kopf. Derjenige, der Sie in Verlegenheit bringen, Sie also schädigen will, erklärt sich zum Opfer eines vermeintlichen Tugendterrors. Und genau dieses niederträchtige Manöver können Sie durchkreuzen, indem Sie es einfach beim Namen nennen.

Beispiel:

„Ich weiß, das war jetzt politisch nicht ganz korrekt", ergänzt Herr Lutz schmunzelnd. „Sie benutzen das Argument der Political Correctness doch nur, um ungestraft auf den religiösen Gefühlen der anderen herumtrampeln zu können", erklärt Frau Waldschmidt. „Ist es nicht so?" Herrn Lutz steht der Mund offen.

Können Sie einen Scherz vertragen?

In aller Regel kommen die unangenehmen Bemerkungen als „Scherz" daher. Das liegt einmal daran, dass wir für das, was wir im Scherz sagen, nicht die volle Verantwortung übernehmen. Aber nimmt der Spaßmacher auch für sich in Anspruch, ein respektables Motiv zu verfolgen: Er will die anderen aufheitern, die Lage entkrampfen, Frohsinn verbreiten.

Wenn Sie also auf eine scherzhafte Bemerkung verärgert reagieren, dann erscheinen Sie als Spielverderber. Das ist zumindest das Kalkül desjenigen, der Sie in Verlegenheit bringen möchte. Wer alles so bitter ernst nimmt, der erscheint unsouverän. Was regen Sie sich also auf? Und tatsächlich gewinnen Sie nichts, wenn Sie sich in diese Ecke stellen lassen.

Wie Sie reagieren sollten

Welche Reaktion am sinnvollsten ist, hängt ganz davon ab, wie stark Sie der Bemerkung entgegentreten können oder wollen. Natürlich ist auch ganz entscheidend, wie provozierend und geschmacklos die Bemerkung Ihres Gegenübers war. In diesem Sinne können Sie unter drei Alternativen wählen:

1. das Gesagte ignorieren, auf Durchzug stellen,
2. um Rücksichtnahme bitten,
3. das Manöver entlarven.

Stellen Sie auf Durchzug

Nicht immer kann man sich „auf Augenhöhe" zur Wehr setzen. Vielleicht ist der andere in einer übergeordneten Position, vielleicht dürfen Sie es sich nicht mit ihm verderben. Oder die Bemerkung war zwar ärgerlich, sie ist Ihrem Gegenüber aber eher so herausgerutscht. Dann kann es hilfreich sein, wenn Sie einfach auf Durchzug stellen und die betreffende Bemerkung überhören. Diese Reaktion ist gar nicht so schwach, wie sie vielleicht erscheint. Vor allem unterscheidet sie sich vom peinlich berührten Schweigen, das zeigt, dass wir uns in Grund und Boden schämen. Sie lassen die Bemerkungen gar nicht an sich heran. Sie ignorieren sie schlicht. Reden Sie von anderen Dingen, sprechen Sie einen Dritten auf irgendein anderes Thema an. Werden Sie direkt aufgefordert, zu der Bemerkung Stellung zu nehmen, überhören Sie auch das. Oder Sie erklären ruhig: „Ich habe gerade nicht zugehört."

Am Anfang mag es schwerfallen, eine peinliche Bemerkung einfach auszublenden. Doch es lässt sich trainieren und mit großem Erfolg einsetzen.

Nehmen Sie es nicht mit Humor

Die nächsthöhere Stufe: Sie gehen nicht über die Bemerkung hinweg, sondern bringen unmissverständlich zum Ausdruck, dass Sie solche Kommentare stören. Das müssen Sie nicht näher begründen. Fordern Sie den anderen höflich auf, seine Bemerkungen zu unterlassen. Über eine solche Bitte kann sich Ihr Gegenüber nur schwer hinwegsetzen. Wer es dennoch tut, erscheint sehr rücksichtslos. Und das wollen die wenigsten. Sicher werden Sie mit einem Kommentar über Ihre „Überempfindlichkeit" und/oder „Humorlosigkeit" rechen können. Aber das lässt sich verkraften.

Lassen Sie sich auf keinen Fall auf eine Diskussion über die Bemerkung ein. Fordert Ihr Gegenüber Sie auf, doch zu sagen, was denn „so schlimm" an seiner Bemerkung sei, blocken Sie die Sache ab. Sie müssen sich nicht dafür rechtfertigen, wenn Ihnen etwas peinlich ist. Bestehen Sie darauf: „Ich möchte einfach, dass Sie sich nicht so abfällig darüber äußern, weil mir das unangenehm ist." Fügen Sie hinzu: „Danke."

Entlarven Sie das Manöver

Die schärfste Gegenreaktion und durchaus geeignet, sich nachhaltig Respekt zu verschaffen: Sie lassen den anderen wissen, dass Sie sein Manöver durchschauen und es missbilligen. Ohne Zweifel erfordert eine solche Gegenwehr etwas Mut. Aber sie ist ein unmissverständliches Signal, dass Sie sich nicht alles gefallen lassen. Daher wird sie ihre Wirkung selten verfehlen. Wenn es Ihnen gelingt, die „witzigen Bemerkungen" auseinanderzunehmen, wird sich der andere in Zukunft fünfmal überlegen, ob er in Ihrer Gegenwart solche „Scherze" riskieren soll.

Beispiel:

Mittagessen in der Kantine. Herr Lutz erzählt mit Seitenblick auf Frau Waldschmidt, dass „die Klöster ja früher alle Bordelle waren". Frau Waldschmidt: „Herr Lutz, warum machen Sie eigentlich solche Bemerkungen? Verschafft es Ihnen irgendeine Genugtuung, so was zu sagen, da Sie genau wissen, dass mir das unangenehm ist?" – „Wieso?", verteidigt sich Herr Lutz. „Es war ja nun mal so. Oder wollen Sie das bezweifeln?" – „Herr Lutz", erwidert Frau Waldschmidt, „das werde ich ganz bestimmt nicht mit Ihnen diskutieren, da es Ihnen nur darum geht, mich mit solchen Bemerkungen zu ärgern."

Keine Angst vor bösen Unterstellungen

Im Normalfall unterstellen wir unserem Gegenüber die besten Absichten. Oder zumindest verhalten wir uns so, als würden wir es tun (auch wenn wir insgeheim misstrauisch sind). Das ist auch sinnvoll, denn es erleichtert den Umgang miteinander ungemein. Die Kehrseite: Wir scheuen uns, dem anderen offiziell böse Absichten zu unterstellen. So etwas wäre auch eine schwere Kränkung. Doch wenn Ihnen gegenüber jemand „Bemerkungen" macht, die Sie verletzen, dann ist es ein exzellentes Gegenmittel, wenn Sie ihn wissen lassen, dass Sie an seinem guten Willen zweifeln. Sie müssen ihm ja nicht die unlauteren Motive auf den Kopf zusagen. Es genügt, wenn Sie Fragen stellen: „Warum sagen Sie das? Wollen Sie etwa ...? Ich muss ja glauben, dass Sie ...?"

> Lassen Sie sich auf keine inhaltliche Diskussion ein. Sie verstricken sich in Themen, die Sie von der eigentlichen Frage abbringen: Warum macht der andere Bemerkungen, die Sie zutiefst verletzen?

Häme und Spott

Es gehört zu den unangenehmsten Erfahrungen überhaupt, wenn jemand seinen Spott und Hohn über uns ausgießt. Wenn uns jemand kritisiert, ja sogar, wenn sich jemand über einen Fehler von uns aufregt, dann lässt sich immer noch darüber reden – und sei es mit einem gewissen zeitlichen Abstand (das ist immer anzuraten, wenn Ihr Gegenüber wütend ist; lassen Sie seine Wut erst einmal verrauchen, ehe Sie ernsthaft über alles sprechen). Ganz anders stellt sich die Sache dar, wenn Ihr Gegenüber hämisch wird. Häme zielt nicht darauf ab, einen Fehler herauszustreichen, zu überlegen, wie es dazu gekommen ist und wie man das in Zukunft vermeiden könnte. Vielmehr sollen Sie ausgelacht werden.

Häme richtet sich immer gegen die Person. Und genau deshalb müssen Sie sich Häme nicht gefallen lassen.

Ihre Reaktionsmöglichkeiten

Vor allem bei Häme ist es sehr hilfreich, wenn Sie über ein ganzes Register von Reaktionsmöglichkeiten verfügen. Dabei können Sie die Reaktionen auch miteinander kombinieren – je nachdem, wie sich die ganze Sache entwickelt.

Lachen Sie einfach darüber

Eine überraschend wirkungsvolle Methode, um eine hämische Bemerkung einfach an sich abprallen zu lassen: Sie reagieren nicht etwa gekränkt, sondern lachen darüber. Häme ist ja oftmals eine Ehrverletzung, die sich als Witz tarnt. Wenn Sie also ganz entspannt mitlachen, brechen Sie der Häme die Spitze ab; sie kann Sie nicht mehr verletzen. Denn Sie bringen zum Ausdruck: Die Sache amüsiert mich. Peinlich ist sie mir gerade nicht. Mit dieser schlichten Reaktion können Sie schon recht viel Häme unschädlich machen. Auf der anderen Seite sollten Sie sich auch über ihre Grenzen im Klaren sein: Ehrverletzende Bemerkungen lassen sich nicht entspannt weglachen. Ebenso wenig dürfen Sie es hinnehmen, wenn der andere Sie zu einer Witzfigur stempeln will.

Und schließlich geht die Wirkung völlig nach hinten los, wenn Sie nicht entspannt, sondern sehr gequält mitlachen. Es gibt ein unterwürfiges Angstlachen, das einer Kapitulation gleichkommt und das Sie unter allen Umständen vermeiden müssen.

Ehe Sie also unterwürfig lachen, lachen Sie lieber gar nicht. Ein solches Lachen ist zutiefst entwürdigend.

Stutzen Sie den Spott auf seinen sachlichen Kern zurück

Auslöser für eine hämische Bemerkung ist oftmals ein Fehler, der Ihnen unterlaufen ist. Über den können Sie nicht immer mit einem Lachen hinweggehen – schon gar nicht, wenn sich Ihr Vorgesetzter geäußert hat. In solchen Fällen kann es ratsam sein, die Häme zunächst einmal zu übergehen, den Fehler einzuräumen und in aller Sachlichkeit zu antworten.

Beispiel:

„Das sind ja brandaktuelle Zahlen, die Sie uns hier präsentieren", kommentiert der Vorgesetzte Herr Steinmann. „Beschäftigen Sie ein eigenes Forschungsinstitut, Herr Pfefferle?" – „Oh, entschuldigen Sie bitte", erwidert der so Angesprochene. „Ich habe mich verschrieben. Es heißt natürlich nicht 2015, sondern 2012." – „Ach so", bemerkt Herr Steinmann. „Und ich dachte, Sie können in die Zukunft sehen." – „Nein, ich habe mich nur verschrieben."

Der andere will seine Machtposition ausnutzen, um Sie bloßzustellen. Er übertreibt Ihren Fehler ins Maßlose und breitet ihn genüsslich aus. Wenn Sie den Fehler einräumen, gibt es nichts mehr zu entlarven. Wenn der andere Ihren Fehler aufbläst, können Sie die Luft herauslassen und ganz nüchtern auf die Tatsachen hinweisen.

Solche Situationen sind unangenehm. Sie müssen sie einfach durchstehen. Darin liegt eine oft unterschätzte Stärke. Denn bleiben Sie ruhig und sachlich, beißt sich der andere mit seiner Häme die Zähne aus.

Nehmen Sie die Bemerkung wörtlich

Hämische Sticheleien lassen sich auch dadurch unschädlich machen, dass Sie das Gesagte wörtlich nehmen, also als Kompliment auffassen.

Beispiel:

„Na, haben Sie sich wieder so übergründlich vorbereitet?", fragt ein Kollege Herrn Pfefferle. „Übergründlich ist vielleicht ein bisschen übertrieben", entgegnet der, „aber ich würde doch sagen: ausreichend."

Das Wörtlichnehmen eignet sich vor allem, um die eine oder andere spöttische Bemerkung kurz abzufertigen. Auch wenn der Spötter nur schief grinst und anschließend Klartext redet, haben Sie Ihr Ziel erreicht. Werden Sie jedoch verhöhnt oder verächtlich gemacht, ist diese Reaktion viel zu schwach.

Manche versuchen, selbst mit Ironie und Sarkasmus auf Spott zu reagieren. Das geht fast immer schrecklich daneben. Sie demontieren sich dadurch nur selbst. Lassen Sie also die Finger davon.

Bestehen Sie auf sachlicher Kritik

Sie können der Häme auch beherzt entgegentreten. Denn Sie müssen es nicht hinnehmen, dass der andere Sie zum Gespött macht. Fordern Sie ihn auf, Klartext zu reden und seinen Tonfall zu ändern. Darauf haben Sie Anspruch – auch gegenüber Ihrem Vorgesetzten. Kritik müssen Sie sich gefallen lassen. Zu einem harschen, auch ungerechten Urteil können Sie Stellung nehmen, zu einer hämischen Bemerkung nicht. Kritik richtet sich erst einmal auf den Sachverhalt. Wird die Kritik persönlich, dann können Sie das thematisieren und sie zurückweisen. Häme kann demgegenüber nie persönlich werden, weil sie es immer schon ist. Auf diesen Unterschied zwischen Häme und Kritik sollten Sie aufmerksam machen, wenn Ihr Gegenüber erklärt, Sie könnten wohl „keine Kritik vertragen". Genau das sollten Sie einfordern: sachliche Kritik.

Sagen Sie die magischen Worte

Wenn der andere Sie mit Häme überschüttet, bringt es wenig, ihn darauf hinzuweisen, dass er sich unangemessen oder niederträchtig verhält. Dadurch verstärken Sie die Häme womöglich noch: „Ach, ich verhalte mich unangemessen, finden Sie? Das ist ja hochinteressant. Sie verbocken unser Projekt, und das Erste, was Ihnen dazu einfällt, das ist, dass ich mich unangemessen verhalte. Erwarten Sie für Ihren Bockmist vielleicht noch eine Bonuszahlung?" Spielen Sie nicht den geprügelten Hund, der um Mitleid winselt. Nehmen Sie Ihren Mut zusammen und sagen Sie die magischen Worte: Ich möchte. Dem kann Ihr Gegenüber nicht viel entgegensetzen.

- „Ich möchte, dass Sie mit diesen hämischen Kommentaren aufhören."
- „Ich möchte, dass Sie diesen hämischen Tonfall ablegen."

So eine Bemerkung steht erst einmal im Raum und muss von Ihrem Gegenüber verarbeitet werden. Auch wenn Sie tatsächlich einiges „verbockt" haben – diesen Satz dürfen Sie immer sagen.

Bleiben Sie betont sachlich

Der entscheidende Ansatzpunkt ist, dass Sie dem anderen den Spaß verderben. Denn Häme bereitet demjenigen, der sie ungestraft über dem anderen ausschüttet, außerordentliches Vergnügen. Er weidet sich daran, wenn sein Opfer peinlich berührt zu Boden starrt. Das gibt ihm ein Gefühl von Macht. Dieses Vergnügen gilt es zu durchkreuzen.

Und das schaffen Sie, indem Sie nicht beschämt reagieren, sondern betont sachlich. Sachlichkeit sichert Ihre Souveränität und wirkt auf den anderen wie eine kalte Dusche: „Mein Bericht hat Ihnen nicht gefallen. Dann lassen Sie uns über die Gründe reden. Aber nicht in diesem Ton."

> Bleibt Ihr Gegenüber hämisch, können Sie sich Verbündete suchen, die diesen „Stil" ebenfalls missbilligen. Oder aber Sie brechen das Gespräch ab. Dazu können Sie durchaus den Raum verlassen und sich so einen eindrucksvollen Abgang verschaffen.

Peinliche Geschichten

Ein wenig anders liegt der Fall, wenn jemand Sie verächtlich machen will, indem er irgendeine peinliche Geschichte über Sie erzählt, irgendein Vorkommnis, in das Sie verwickelt waren und bei dem Sie sich blamiert haben. Womöglich schmückt der Erzähler die Sache noch aus, so dass Sie noch etwas unbeholfener und dümmer dastehen.

Verzichten Sie auf eine Richtigstellung

Solche Erzählungen können außerordentlich quälend sein. Sie spüren das Verlangen, Ihren Ruf zu retten und die Geschichte richtigzustellen. Unser Rat: Widerstehen Sie diesem Drang. Denn Sie machen die ganze Sache dadurch nur noch peinlicher – für die Zuhörer, die meist gar nicht wissen wollen, wie sich die Dinge „wirklich zugetragen haben". Die Angelegenheit ist so schon peinlich genug – allerdings in einem anderen Sinne, als Sie vielleicht meinen. Denn nicht Sie sind es, der den Zuhörern peinlich erscheint, sondern der Erzähler.

Der Erzähler macht sich unmöglich

Es gehört sich einfach nicht, die Blamagen seiner Mitmenschen als heitere Anekdoten zum Besten zu geben. Wer so etwas tut, der stellt sich selbst ins Abseits. Die Zuhörer versuchen vielleicht taktvoll über diese Geschmacklosigkeit hinwegzugehen, indem sie über die Geschichte schmunzeln – aber sie denken sich ihren Teil.

Reagieren Sie gelassen

Sie können die Geschichte souverän ignorieren. Dadurch ersparen Sie sich und den anderen, dass sie erst breitgetreten wird. Sie können aber auch ganz schlicht nachfragen: „Warum haben Sie diese Geschichte jetzt eigentlich erzählt?" Ebenfalls recht souverän wirkt es, wenn Sie lächelnd anmerken: „Und wenn Sie wissen wollen, wie sich die Geschichte *wirklich* abgespielt hat, dann erzähle ich sie Ihnen gerne noch einmal – bei Gelegenheit."

Von den boshaften Blamage-Geschichten zu unterscheiden sind Erzählungen, bei denen es auch um menschliche Schwächen geht, die Sie aber durchaus liebenswert erscheinen lassen. Wer solche Erlebnisse schildert, der will Ihnen nichts Böses. Es wäre geradezu peinlich, dem Erzähler in die Parade zu fahren und die Dinge richtigzustellen. Allenfalls wenn er recht weit von der Wahrheit abweicht, können Sie schmunzelnd andeuten, dass es von dieser Geschichte unterschiedliche Versionen gibt.

Beispiel:

Herr Lichtenau gilt als etwas zerstreut. In geselliger Runde erzählt ein Kollege, dass Herr Lichtenau einmal mit dem Taxi nach Hause fahren musste, weil er vergessen hatte, wo er sein Auto im Parkhaus abgestellt hatte. „Doch, das wusste ich noch ganz genau", erklärt Herr Lichtenau mit einem feinen Lächeln, „ich hatte nur vergessen, dass das mein Auto war."

Ihr Gegenüber stellt Ihnen eine Falle

Es ist schon bitter genug, durch eine unglückliche Verkettung von Umständen in eine peinliche Situation hineinzugeraten: im Freizeitdress an einer festlichen Abendveranstaltung teilzunehmen, unvermittelt aufgefordert zu werden, eine Ansprache zu halten, weil „das ja so ausgemacht" war, oder gar bei einer Lüge ertappt zu werden. Es verschlimmert die Lage jedoch noch, wenn hinter solchen peinlichen Situationen nicht der blinde Zufall steckt, sondern ein nicht sehr wohlmeinender Kollege oder ein Familienmitglied mit einem Hang zur Schadenfreude.

Tief in der Tinte

Meistens dürfen Sie immerhin darauf hoffen, dass sich Ihre Mitmenschen bereit finden, über eine Peinlichkeit hinwegzusehen oder Ihnen sogar herauszuhelfen (→ nächstes Kapitel). Sind Sie jedoch in eine Falle hineingetappt, dann kommen Sie in aller Regel nicht so ungeschoren davon. Der Fallensteller will ja, dass Sie sich so richtig blamieren. Nur deshalb hat er Ihnen die Falle überhaupt gestellt.

Ziehen Sie den Fallensteller mit hinein

Im Grunde brauchen Sie nicht viel anders zu reagieren, als wären Sie zufällig in die Verlegenheit hingeraten. Es gibt nur einen wesentlichen Unterschied: Womöglich können Sie denjenigen, der Ihnen die Falle gestellt hat, mit in die peinliche Situation hineinziehen. Und das sollten Sie auch tun.

Bleiben Sie amüsiert

Erscheinen Sie unpassend gekleidet auf einer Veranstaltung, weil Sie der Fallensteller „versehentlich" falsch informiert hat, können Sie auf dem Absatz kehrtmachen. Wenn Sie jedoch bleiben, können Sie jedem die „lustige Geschichte" erzählen, dass der Gastgeber Sie „reingelegt" hat. Selbstverständlich zeigen Sie sich darüber nicht verärgert, sondern belustigt – auch wenn Sie dem anderen am liebsten den Hals umdrehen würden. Nur so bleiben Sie nämlich souverän.

> Fassen Sie Fallen sportlich auf. Und halten Sie sich ansonsten an das Motto des ehemaligen US-Präsidenten John F. Kennedy: „Vergib deinen Feinden, aber vergiss niemals ihre Namen."

Entlarven Sie den Entlarver

Heikle Situation: Sie müssen zugeben, dass Sie nicht die Wahrheit gesagt haben. Aber hat der andere Ihnen eine Falle gestellt, dann wird Ihre Blamage zumindest etwas dadurch gemildert, dass dieser auch mit drinhängt – als derjenige, der genau das beabsichtigt hat: Sie zum Lügner zu machen. So etwas tut man nämlich nicht. Solange es sich nicht gerade um eine dramatische Lüge handelt, können Sie leutselig feststellen: „Das haben Sie aber geschickt eingefädelt. Da bin ich Ihnen doch glatt auf den Leim gegangen."

Auf einen Blick: Jemand will Sie bloßstellen

- Dumme Bemerkungen anderer ignorieren Sie tunlichst. Hat sich jemand sehr verletzend geäußert, verbitten Sie sich solche Anmerkungen ohne Begründung.
- Kritik müssen Sie ertragen, Häme nicht, denn Häme richtet sich immer gegen Ihre Person. Begegnen Sie mildem Spott mit Humor. Wird es böse, sagen Sie: „Ich möchte, dass Sie diesen hämischen Tonfall ablegen."
- Stellt Ihnen jemand eine Falle, versuchen Sie den Fallensteller in die peinliche Lage mit hineinzuziehen.

Anderen aus peinlichen Situationen heraushelfen

Darin zeigt sich die hohe Kunst des Taktgefühls: wenn jemand in einer peinlichen Situation steckt, dafür zu sorgen, dass er unbeschadet wieder herauskommt. Dabei ist diese Kunst nicht vollkommen uneigennützig. Denn auch Sie haben etwas davon, wenn Sie zu einem normalen Gespräch zurückfinden und Ihr Gegenüber nicht verlegen den Boden anstarrt.

In diesem Kapitel lesen Sie,

- wie Sie anderen durch kleine Ablenkungsmanöver aus der Patsche helfen,
- wann Humor eine peinliche Situation entschärfen kann und
- wie Sie jemandem eine „goldene Brücke" bauen, damit er aus einer Verlegenheit herausfindet.

Ein Gespür für Peinlichkeiten

Eigentlich ist es ganz selbstverständlich: Wer anderen aus einer peinlichen Situation heraushelfen will, der muss überhaupt erst einmal bemerken, was in ihnen vorgeht. Doch daran hapert es manchmal. Und das liegt nicht allein am fehlenden Einfühlungsvermögen, sondern auch daran, dass die anderen ja meist zu überspielen versuchen, wie peinlich ihnen die Sache ist.

Je besser ihnen das gelingt, umso ahnungsloser sind wir. Und umso größer ist die Gefahr, dass wir sie unabsichtlich noch tiefer hineinreiten in den Treibsand der Peinlichkeit. Bemerken wir die Peinlichkeit erst, wenn sich der andere überstürzt von uns verabschiedet, kommt unsere Einsicht zu spät.

Was ist den anderen peinlich?

Die meisten gehen bei der Beurteilung einer Situation davon aus, was sie selbst als peinlich empfinden. Das kann jedoch in die Irre führen. Manchen ist es peinlich, wenn sie über Geld sprechen müssen, andere scheinen das regelrecht zu genießen. Manche geraten in Verlegenheit, wenn bei einem Small Talk persönliche Fragen angeschnitten werden, andere finden gerade das „nett"; sie können überhaupt nicht verstehen, wieso einem „so etwas" peinlich sein kann.

Es ist natürlich so, dass nicht unser eigenes Empfinden maßgeblich ist, sondern das der anderen. *Denen* ist ja irgendetwas peinlich. Und da tröstet es sie nicht, dass Sie der Ansicht sind, ihnen „müsse" das gar nicht peinlich sein.

Die subtilen Signale

Um wirksam gegenzusteuern, müssen wir bereits erkennen können, wann der andere am Rande der Peinlichkeit entlang balanciert. Dann können wir ihn auf sicheren Grund zurückleiten, wo er wieder festen Boden unter die Füße bekommt. Dass jemand gerade versucht, eine peinliche Situation zu vermeiden, lässt sich an unauffälligen Signalen ablesen:

- übertriebene Reaktionen wie zu lautes Lachen, zu heftiges Nicken, durch die Haare fahren,
- fahrige Gesten wie Hände aneinander reiben, Kopfwackeln, Füße hinter das Stuhlbein klemmen,
- unmotiviertes Lachen, Lächeln oder Grinsen – die Verlegenheitsgeste schlechthin,
- umherirrender Blick,
- Stocken im Gespräch, abgebrochene Sätze,
- ausweichende Antworten, umständliche Formulierungen,
- ängstliches „Sekundengesicht": Nur für einen Wimpernschlag ist es sichtbar, bevor die neue Maske der Selbstsicherheit aufgesetzt wird.

Sie sollten hellhörig werden

Solche Signale sind Indizien dafür, dass Ihr Gesprächspartner sich auf eine peinliche Situation zubewegt. Das muss keineswegs so sein; aber wenn Sie diese Gesten registrieren, sollten Sie hellhörig sein: Habe ich ein Thema angeschnitten, das dem anderen unangenehm ist? Befürchtet er, sich lächerlich zu machen? Steckt ein mir unbekanntes Problem dahinter?

Gerade wenn wir uns keinen Reim auf die Reaktion unseres Gegenübers machen können, werden wir von einer überbordenden Neugier gepackt: Warum reagiert der nur so? Wir würden der Sache zu gerne auf den Grund gehen. Das ist verständlich, taktvoll ist es nicht. Also, ersparen Sie Ihrem Gesprächspartner die Peinlichkeit.

Willkommene Ablenkungsmanöver

Eine der wirksamsten Methoden, jemandem aus einer peinlichen Situation herauszuhelfen: Sie starten ein Ablenkungsmanöver. In seiner einfachsten Form heißt das: Sie wechseln das Thema. Doch ganz so einfach ist das nun auch wieder nicht. Denn ein allzu abrupter, demonstrativer Themenwechsel kann die Situation erst recht peinlich werden lassen. Warum das? Weil der Eindruck entsteht, als müssten Sie jetzt ganz schnell von dieser schrecklichen Angelegenheit wegkommen. Anders gesagt, in einem unvermittelten Themenwechsel liegt auch eine Unterstellung. Und genau dadurch könnte sich Ihr Gegenüber getroffen fühlen.

Beispiel:

Frau Hohnelt erzählt von ihrem dreiwöchigen Urlaub in der Karibik. „Und wo haben Sie die Ferien verbracht?", erkundigt sie sich freundlich bei ihrer Arbeitskollegin. „Na ja", erwidert die zögernd, „wir waren ein paar Tage im Sauerland." – „Ah", sagt Frau Hohnelt, „wie kommen Sie übrigens mit dem neuen Computerprogramm klar?"

Solch ein gut gemeinter Themenwechsel kann aber wirken wie eine Ohrfeige. Denn die Botschaft lautet: Dass Sie Ihre Ferien im Sauerland verbringen mussten, ist so peinlich. Ich kann Ihnen nicht zumuten, darüber zu sprechen, Sie armes Würstchen.

Der gelungene Themenwechsel

Wenn Sie das Thema wechseln, dann sollte sich das aus der Logik des Gesprächs ergeben. Nur so helfen Sie dem anderen, sein Gesicht zu wahren. Doch worin besteht die „Logik des Gesprächs"? Themenwechsel sind ja durchaus keine Seltenheit, vor allem bei einem Small Talk springen wir immer wieder von Thema zu Thema, ohne dass wir einer Peinlichkeit ausweichen.

Der richtige Zeitpunkt

Das heißt aber nicht, dass wir jederzeit wechseln dürfen. Hängt ein Thema noch „in der Luft" wie bei unserem Beispiel der Urlaub im Sauerland, dann dürfen wir nicht unvermittelt von etwas anderem anfangen. Sie müssen vorher irgendwie das Thema abschließen. Damit ist natürlich nicht gemeint, dass es erschöpfend behandelt werden muss. Es ist viel simpler, Sie brauchen einen Satz, mit dem Sie Ihrem Gesprächspartner deutlich machen: Von meiner Seite war es das. Das kann eine so schlichte Äußerung sein wie: „Na ja, jetzt habe ich die ganze Zeit von meinem Urlaub geredet." Auch sehr verbreitet sind zusammenfassende Statements wie: „Also, es war abenteuerlich." Oder Sie schließen umgekehrt die Erzählung Ihres Gesprächspartners ab mit der Bemerkung: „Ah ja, das ist ja interessant, was Sie da erzählt haben." Jetzt kann ein neues Thema angeschlagen werden.

Der passende Gesprächsgegenstand

Im Idealfall gleiten Sie zum nächsten Thema hinüber, ohne dass man dies als „Schnitt" empfindet. Das gelingt Ihnen am besten, wenn es eine Verbindung zu dem neuen Thema gibt. Diese Verbindung kann sehr assoziativ sein. Der entscheidende Punkt: Es sollte für die anderen nachvollziehbar sein, wie Sie vom alten zum neuen Thema gelangen. Bei unserem Beispiel war der Übergang vom Thema Urlaub zum neuen Computerprogramm nicht nachvollziehbar. Das wirkt plump. Unter Umständen müssen Sie etwas nachhelfen, indem Sie Ihre Gedankenverbindung den anderen mitteilen: „Bei der Karibik muss ich an Rum denken. Und da muss ich Ihnen eine Geschichte erzählen, die mir neulich passiert ist ..."

Je natürlicher Sie zum neuen Thema wechseln, desto angenehmer für Ihren Gesprächspartner. Auf der anderen Seite brauchen Sie keine überzogenen Erwartungen an sich selbst zu stellen. Dem anderen ist ja schon geholfen, wenn Sie überhaupt von dem peinlichen Thema wegkommen.

So kann der andere sich wieder fangen

Ein weit verbreiteter Fehler, den Menschen begehen, die es eigentlich ganz besonders gut mit Ihrem Gesprächspartner meinen, der in Verlegenheit geraten ist: Sie erklären ihm, dass die betreffende Sache gar nicht so schlimm sei. Ja, dass die Angelegenheit ihm „gar nicht peinlich sein müsse, weil ..." – und dann folgt eine Trost spendende Geschichte über einen Bekannten, dem „so etwas" auch schon einmal passiert ist. Was ist daran falsch? Wenn jemand schon in Verlegenheit geraten ist oder am Rande der Peinlichkeit balanciert, dann tröstet es ihn wenig, dass andere einen so viel entspannteren Umgang mit dem Thema pflegen. Im Gegenteil, das verschlimmert seine Lage noch.

In welchem Zustand befindet sich Ihr Gegenüber?

Im ersten Kapitel haben wir es schon angesprochen: Wem etwas peinlich ist, der befindet sich in einem Ausnahmezustand. Seine Gedanken sind blockiert, er steht unter Stress. Er braucht Zeit, um sich zu fangen. In so einem Fall ist auch nicht viel damit gewonnen, wenn Sie ihm ein neues Thema servieren. Er ist womöglich gar nicht in der Lage, den Ball zurückzuspielen, den Sie ihm da zuwerfen. Stattdessen sollten Sie ihn sich erst einmal sammeln lassen. Mit anderen Worten: Lassen Sie ihn einfach in Ruhe.

- Richten Sie das Wort an einen Dritten, womöglich in einer ganz anderen Angelegenheit – aber ohne sich völlig von Ihrem peinlich berührten Gesprächspartner abzuwenden. Er kann sich in das Gespräch einschalten, wenn er sich wieder gefangen hat.
- Erzählen Sie eine Geschichte, die der andere nur abzunicken braucht. Irgendein harmloses Erlebnis, das in einer losen Verbindung zum bisherigen Gesprächsgegenstand steht.
- Ermöglichen Sie dem anderen einen geordneten Rückzug. In manchen Fällen wird sich Ihr Gegenüber nicht wieder fangen. Dann sollten Sie ihn auch ziehen lassen.

Sie können das Gespräch auch kurz unterbrechen, zum Beispiel, weil Sie einen Bekannten begrüßen müssen. Wichtig ist hierbei, deutlich zu signalisieren, dass Sie sich Ihrem Gesprächspartner gleich wieder zuwenden. Vorteilhaft ist, dass Sie nach der Unterbrechung gleich einen eleganten Themenwechsel vornehmen können („Das war Frau Nelles, eine Kundin von uns. Die hatte kürzlich einen Sportunfall ...").

Den anderen aus der Schusslinie nehmen

Um jemandem aus einer peinlichen Situation herauszuhelfen, müssen Sie gar nicht direkt daran beteiligt sein. Sie können auch vom Rand her eingreifen, ja, sich von außen einmischen, um der Situation eine neue Wendung zu geben.

Beispiel:

Das Ehepaar Gellert auf einer Party. Frau Gellert gibt einige private Anekdoten zum Besten, die Herrn Gellert unendlich peinlich sind. Da ergreift Frau Jensen das Wort: „Frau Gellert, Sie haben gerade erwähnt, dass Sie einen Jack-Russell-Terrier haben. Haben Sie den beim Züchter gekauft?"

Sie können sich an den Verursacher der Peinlichkeit wenden und ihn auf neue Gedanken bringen, Sie können aber auch den Betroffenen selbst in eine neue Situation verwickeln, die dann hoffentlich angenehmer für ihn ist.

Beispiel:

Frau Becker ist Verkäuferin. Ein Kunde beschwert sich lautstark und sehr aufdringlich bei ihr. Sie ist mit der Situation völlig überfordert. Eine andere Kundin wendet sich freundlich an Frau Becker: „Entschuldigen Sie, ich bräuchte eben Ihre Hilfe." –

„Selbstverständlich", erwidert Frau Becker und lässt den rücksichtslosen Kunden einfach stehen.

Als Außenstehender können Sie die Situation völlig umkrempeln und damit dem Opfer häufig am besten helfen. Wenn Sie hingegen von außen Partei ergreifen, kann das manchmal die Lage noch verschlimmern. Entweder geraten Sie selbst in die Schusslinie oder das Opfer muss später für diese Unannehmlichkeit büßen.

Humorvoll reagieren

Humor ist ein ausgezeichnetes Mittel, um die Situation zu entkrampfen. Vor allem, wenn es darum geht, kleine Peinlichkeiten zu entschärfen, gelingt das mit Humor einfach und schnell. Dabei gilt hier in noch höherem Maße als bei den eigenen kleinen Peinlichkeiten (s. Kapitel „Die kleinen Peinlichkeiten"): Es sind keine Scherze oder Gags gefragt, sondern augenzwinkernde Bemerkungen, die dem anderen signalisieren: alles nicht so schlimm.

Beispiel:

Nach einer Besprechung verabschiedet sich Frau Reichel von ihrem Geschäftskunden, Herrn Munzert. Der geht auf eine Glastür zu, versucht sie zu öffnen, was ihm nicht gelingt. Er rüttelt schon in leichter Panik am Türgriff herum, da kommt ihm Frau Reichel zu Hilfe. „Warten Sie", ruft sie. „Unsere Tür!" Herr Munzert lässt den Griff los. „Was ist denn damit?" – „Wissen Sie, es gibt da einen kleinen Trick", erklärt Frau Reichel augenzwinkernd und drückt einfach gegen die Tür, die sich mühelos öffnen lässt. „Man darf nicht ziehen, man muss drücken. Ich bringe das auch immer durcheinander."

Der ganze Scherz besteht darin, dass Frau Reichel nicht einfach sagt, wie die Tür aufgeht, sondern dass sie ihren Hinweis als „kleinen Trick" bezeichnet. Das ist er natürlich nicht, sondern die naheliegendste Lösung des Problems. Indem sie diese zum „kleinen Trick" erklärt, signalisiert sie Herrn Munzert, dass er die Angelegenheit nicht allzu ernst nehmen soll.

> Mehr als ein wenig leiser Humor ist in peinlichen Situationen gar nicht angebracht. Das könnte sogar für Irritationen sorgen.

Den anderen nicht verschaukeln

Wenn Sie die Situation allzu sehr in Komische ziehen, besteht die Gefahr, dass der andere meint, Sie würden sich über ihn lustig machen. Das verschlimmert die Sache natürlich beträchtlich.

Beispiel:

Frau Reichel eilt Herrn Munzert zu Hilfe. „Was ist denn mit der Tür?", fragt der ratlos. „Tja, Herr Munzert", sagt Frau Reichel gut gelaunt, „das ist eben keine gewöhnliche Tür. Das ist unser Bürosafe. Und ich erkläre Ihnen jetzt mal, wie wir den aufbekommen." Frau Reichel tut so, als würde sie an Zahlenrädern drehen, horcht, nickt lächelnd und öffnet die Tür: „Voilà, Herr Munzert. Der Weg zur Schatzkammer ist frei." Herr Munzert lächelt gequält. „Danke."

Denken Sie daran: Wer sich in einer peinlichen Situation befindet, der ist nicht gerade zu Scherzen aufgelegt. Vielmehr ist er verunsichert und in seinem Denken blockiert. Das erschwert es ihm einzuschätzen, wie Sie eine witzige Bemerkung meinen. Für ihn ist die Situation womöglich schon entgleist. Er bräuchte eigentlich sicheren Grund unter den Füßen. Wenn Sie mit einem mehrdeutigen Scherz seine Unsicherheit noch verstärken, fühlt er sich verschaukelt.

Beispiel:

Bei der Begrüßung eines Kunden rutscht Herr Oschatz aus und landet auf dem Hinterteil. Ihm ist nichts passiert, er steht sofort wieder auf, seine Ohren färben sich rot. „Na, aber das nächste Mal machen Sie bitte einen Salto dazu", erklärt sein Kunde schmunzelnd. Herr Oschatz wirft ihm einen irritierten Blick zu.

Hätte Herr Oschatz selbst diese Bemerkung gemacht, wäre die Situation bereinigt gewesen. So bleibt zumindest das ungute Gefühl, dass sich der Kunde über Herrn Oschatz lustig macht. Unterlassen Sie unbedingt solche missverständlichen Scherze. Für den anderen wird die Situation dadurch nur noch peinlicher.

Die Prise Selbstironie

Derjenige, der in der peinlichen Situation steckt, darf nicht noch zusätzlich verunsichert werden. Daher ist es weniger ratsam, den anderen auf die Schippe zu nehmen als vielmehr sich selbst. Immerhin geht es ja darum, dass der andere sein Gesicht wahren kann und ihm die Gewissheit gegeben wird, seine Blamage in Grenzen zu halten. Und doch sollte man auch mit der Selbstironie eher sparsam umgehen. Wenn Sie sich allzu sehr über sich selbst lustig machen, wirkt das wiederum irritierend. Ihr Gegenüber fragt sich: Was will er mir damit sagen? Gefällt er sich in dieser Rolle? Meint er womöglich das Gegenteil? Überhaupt ist es gar nicht einfach, mit jemandem ein Gespräch zu führen, der ständig selbstironisch ist. Und um wie viel schwieriger ist das, wenn man in einer peinlichen Situation steckt.

Dezent, doch eindeutig

Das Einzige, was Sie erreichen wollen: Ihrem Gegenüber zu verstehen geben, dass die Lage gar nicht so schlimm ist, dass Sie ihm einen Fehler nicht übel nehmen oder über eine Blamage hinwegsehen. Die Prise Selbstironie können Sie auf zwei Arten ins Spiel bringen:

- Sie machen sich ein wenig über sich selbst lustig. Damit signalisieren Sie, dass Sie sich nicht so wichtig nehmen. Das bietet sich an, wenn Ihr Gegenüber Sie unabsichtlich gekränkt hat oder Ihren Namen vergessen hat.
- Sie deuten dezent an, dass Ihnen so etwas Ähnliches auch schon einmal passiert ist. Womöglich ist es Ihnen sogar noch schlimmer ergangen. Dass Sie so humorig darüber sprechen, entlastet Ihren Gesprächspartner.

> Vorsicht, wenn Sie von einem ähnlichen Erlebnis berichten: Bezeichnen Sie den Vorfall bloß nicht als „Blamage" oder sich selbst als „Trottel". Sonst wird Ihr Gegenüber geneigt sein, das auf sich zu beziehen.

Beispiel:

Herrn Leonhard rutscht in Gegenwart des wohlgenährten Herrn Wilberding das Wort „Dickwanst" heraus. Herrn Leonhard ist das unsagbar peinlich. „Hören Sie, Herr Leonhard", poltert Herr Wilberding mit gespielter Entrüstung, „so nennt mich sonst nur meine Frau." Und schmunzelnd fügt er hinzu: „Und natürlich meine Mitarbeiter – hinter meinem Rücken."

Sich nicht zum Clown machen

Die Selbstironie muss immer auf die peinliche Situation bezogen bleiben. Hier soll sie Entlastung bringen und die Lage wieder normalisieren. Keinesfalls dürfen Sie sich zur Witzfigur machen lassen. Daher ist Selbstironie nie im Übermaß zu gebrauchen. So soll die selbstironische Bemerkung von Herrn Wilberding ausschließlich Herrn Leonhard aus seiner Peinlichkeit erlösen und wieder in ein normales Gespräch hineinführen. Würde der hingegen anfangen, sich über den korpulenten Herrn Wilberding zu mokieren, wäre das nicht mehr lustig, sondern einfach unverschämt. Und Herr Wilberding müsste sich dagegen zur Wehr setzen.

Goldene Brücken bauen

Eine elegante und souveräne Methode, die gerade für die schweren Fälle geeignet ist, wenn Ihr Gegenüber von allein nicht mehr auf die Beine kommt: Sie bauen ihm sozusagen eine „goldene Brücke", die er nur zu beschreiten braucht, um aus der Verlegenheit herauszukommen. Sie treffen beispielsweise eine Feststellung, die den anderen in einem äußerst günstigen Licht erscheinen lässt.

Beispiel:

Eine große Abendveranstaltung. Herr Lüdecke unterhält sich mit einer höhergestellten Kollegin. Das Gespräch verläuft recht zäh,

Herr Lüdecke verabschiedet sich: „Ich muss nach Hause, meine Eltern kommen nachher noch zu Besuch." Unter großem Bedauern lässt die Kollegin Herrn Lüdecke ziehen – und trifft ihn drei Stunden später an der Bar wieder. Herr Lüdecke ist völlig perplex. „Ach, haben Sie Ihre Eltern noch erreicht und sie gebeten, später zu kommen?", fragt die Kollegin ruhig.

Hier macht der Ton die Musik. Klingen solche schmeichelhaften Unterstellungen ironisch, glaubt der andere, Sie wollten sich über ihn lustig machen. Auf der anderen Seite kann er keine großen Ansprüche stellen. Er muss ja dankbar sein, wenn Sie ihn davonkommen lassen. Meist ist es auch gar nicht so schlecht, wenn dem anderen klar ist, dass Sie so ganz ernsthaft an Ihre Erklärung gar nicht glauben.

Nicht jeder hat es allerdings verdient, dass Sie ihm eine goldene Brücke bauen. Auch geht manchen Menschen das Gespür dafür ab, eine solche Brücke diskret zu nutzen.

Die taktvolle Ahnungslosigkeit

Eng verwandt mit dem Bau der goldenen Brücke ist das taktvolle Ignorieren peinlicher Vorfälle. Sie geben dem anderen zu verstehen: Das, was Ihnen da unterlaufen ist, habe ich überhaupt nicht bemerkt. Das kann sich schon gestisch und mimisch ausdrücken. Werden Sie unfreiwillig Zeuge eines Gesprächs, das Sie nicht mithören sollen, wenden Sie sich demonstrativ ab und machen sich durch Hüsteln bemerkbar.

Die taktvolle Ahnungslosigkeit kann auch bei anderen Gelegenheiten nützlich sein: etwa wenn sich jemand als inkompetent erweist und Sie ihm Gelegenheit geben wollen, sein

Gesicht zu wahren. Wohlverstanden: Es geht nicht darum, Unfähigkeit zu vertuschen, sondern eine Blamage abzuwenden, von der niemand einen Vorteil hätte.

Beispiel:

Herr Küpper ist Geschäftsführer einer kleinen Firma in Köln. Er hat seine Kunden zu einer Veranstaltung eingeladen und lässt es sich nicht nehmen, auf einer Stadtrundfahrt „sein Köln" zu zeigen. Geschichtlich ist Herr Küpper nicht gerade sattelfest und wirft die Epochen und Baustile wild durcheinander. Keiner seiner Gäste wird ihn auf irgendeine Unstimmigkeit hinweisen, auch wenn sich promovierte Historiker unter ihnen befinden.

Entlastung bei einer Entschuldigung

Die taktvolle Ahnungslosigkeit kann auch am Platz sein, wenn sich jemand für irgendein peinliches Vorkommnis entschuldigt. Dass er sich entschuldigt, ist als Geste wichtig. Aber gerade deshalb können Sie ihm entgegenkommen, indem Sie bemerken: „Mir ist das gar nicht aufgefallen."

Umgang mit einem ertappten Lügner

Niemand mag es, belogen zu werden. Daher reagieren wir häufig empfindlich, wenn sich abzeichnet, dass uns jemand etwas vormacht. Wir möchten den Schwindler, Aufschneider und Lügner nur allzu gerne auffliegen lassen. Dagegen ist auch gar nichts zu sagen. Nur gilt es die Verhältnismäßigkeit zu wahren. Es macht einen ganz schlechten Eindruck, wenn Sie jemanden in die Enge treiben, der nur ein wenig geflunkert hat, noch dazu in einer Angelegenheit, die niemandem wirklich schadet.

Lassen Sie durchblicken, dass Sie Bescheid wissen

Es kommt sehr auf die jeweilige Situation an und auf den Menschen, mit dem Sie es zu tun haben. Demonstrative Ahnungslosigkeit ist nicht gerade das, was Sie Ihrem Gegenüber zeigen sollten. Es wirkt wesentlich souveräner, wenn Sie andeuten, dass Sie sehr wohl „Bescheid wissen" oder zumindest etwas ahnen, aber nicht weiter nachbohren, damit der andere sein Gesicht wahren kann. Eine Möglichkeit, so zu verfahren, besteht darin, dass Sie sich über die betreffende Sache „wundern" und dann das Thema wechseln. Gehen Sie davon aus, dass Ihr Gegenüber das schon verstanden hat.

Will Sie der andere jedoch für dumm verkaufen und tischt Ihnen weitere Märchen auf, dann sollten Sie deutlich machen, dass Sie ihm nicht auf den Leim gehen.

Auf einen Blick: Anderen aus der Peinlichkeit helfen

- Erspüren Sie bei Ihren Mitmenschen subtile Signale, die auf Peinlichkeit hindeuten.
- Helfen Sie anderen durch Ablenkungsmanöver wie (nicht zu abrupte) Themenwechsel aus einer Verlegenheit.
- Eine Prise (!) Selbstironie entkrampft manche Situation.
- Bauen Sie einem peinlich Berührten „goldene Brücken" oder geben Sie sich taktvoll ahnungslos.

Test: Welcher Peinlichkeitstyp sind Sie?

Menschen gehen sehr unterschiedlich mit peinlichen Situationen um. Mit unserem kleinen Test möchten wir Ihnen einen Anhaltspunkt geben, Ihr eigenes Verhalten zu erkennen und darüber nachzudenken.

Situation 1

Bei einer Abendveranstaltung begrüßen Sie eine Gruppe von Bekannten. Einer weist Sie gleich grinsend darauf hin: „Übrigens, Sie haben da einen Fleck auf der Hose." Ihre Reaktion?

A) „Natürlich. Und hinten habe ich auch noch zwei."
C) „Ja, danke. Den habe ich mir vorhin am Buffet zugezogen."
D) „Oh, wie peinlich. Entschuldigen Sie bitte."
B) „Den habe ich schon bemerkt. Aber hätte ich deshalb nach Hause gehen sollen?"

Situation 2

Bei der Begrüßung fällt Ihrem Gesprächspartner offensichtlich nicht Ihr Name ein. Das versucht er etwas unbeholfen zu überspielen. Was sagen Sie?

D) Ich sage gar nichts dazu.
A) „Mein Name ist Monika Mustermann. Aber trösten Sie sich: Ich habe Ihren Namen auch vergessen."
B) „Sie kennen meinen Namen bestimmt nicht mehr. Ich heiße Monika Mustermann. Ist auch nicht so wichtig."
C) Sie erzählen von einem Erlebnis, in dem ein Satz vorkommt wie: „Und dann sagt doch dieser Mensch zu mir: Frau Mustermann, das geht so nicht ..."

Situation 3

Auf einer Grillparty unterhalten Sie sich angeregt mit einer Bekannten. Allerdings fühlen Sie sich gestört durch einen anderen Gast, der recht aufdringlich zu Ihnen herüberschaut. „Kennen Sie eigentlich den Glotzer, der da dauernd zu uns rüberstarrt?", fragen Sie Ihre Gesprächspartnerin. „Natürlich", erklärt sie etwas frostig, „das ist mein Verlobter."

B) „Oh, das habe ich nicht gewusst. Ich habe es auch nicht böse gemeint."
A) „An seiner Stelle würde ich mir auch langsam Sorgen machen."
C) „Na, dann verstehe ich natürlich, dass er Sie gut im Auge behält."
D) „Oh, das tut mir ... entschuldigen Sie bitte."

Situation 4

Bei einer wichtigen Veranstaltung sind Sie falsch angezogen. Der Gastgeber hatte Ihnen vorher noch gesagt, Sie sollten sich „ganz leger" kleiden. Was sagen Sie den anderen Gästen?

C) „Ja, Sie wundern sich bestimmt über meinen Aufzug. Aber dafür gibt es eine ganz einfache Erklärung ..."
D) Ich verliere kein Wort darüber.
B) „Ich habe es ja gewusst. Aber Herr Nielsen, unser Gastgeber, hat mir extra noch gesagt: Ziehen Sie sich ganz leger an."
A) „Ich bin wieder mal der Einzige, der sich an die Vorgaben gehalten hat. Oder finden Sie Ihren Smoking leger?"

Situation 5

Ihr Kollege Heinzmann hat Mundgeruch. Wie machen Sie ihn darauf aufmerksam?

C) Ich bringe das Gespräch geschickt auf die Zungenbürste gegen Mundgeruch. „Die kann ich nur empfehlen. Bei mir hat sie wahre Wunder gewirkt."
D) Ich versuche durch meine Körpersprache zum Ausdruck zu bringen, dass er mir nicht zu nahe kommen soll.
A) „Heinzmann, arbeitet Ihr Zahnarzt eigentlich mit Atemgerät?"
B) Ich lege ihm heimlich eine Packung „Atemfrisch" auf den Schreibtisch.

Situation 6

Beim Essen schenkt die Kellnerin Rotwein nach. Dabei kleckert sie auf das Tischtuch.

D) „Entschuldigen Sie, ich hätte Ihnen das Glas auch entgegenhalten können."
B) „Da bin ich aber froh. Dass Ihnen so etwas auch einmal passiert."
C) „Nicht so schlimm, nichts passiert."
A) „Ja, danke. Und beim nächsten Mal dann in die Gläser."

Situation 7

Ihr Vorgesetzter hat Ihnen einen Auftrag erteilt, zu dem Sie noch nicht gekommen sind. Sie tun jedoch so, als hätten Sie ihn schon erledigt. Doch Ihr Vorgesetzter will das Ergebnis sehen. Plötzlich stehen Sie als Lügner da. Ihre Reaktion?

A) „Eins zu null für Sie. Ich dachte, ich könnte Ihnen da was vormachen. Aber Sie sind eben doch der bessere Lügner."
B) „Ich bin so überlastet, da habe ich das nicht auch noch erledigen können."
D) Es ist mir unsagbar peinlich. Mir fehlen die Worte.
C) „Ich glaube, da habe ich etwas durcheinandergebracht. Entschuldigen Sie bitte."

Situation 8

Sie haben es bei einer Feier mit einem hartnäckigen Gesprächspartner zu tun, von dem Sie sich gerne verabschieden würden. Denn Sie möchten auch noch mit anderen Gästen sprechen. Wie werden Sie ihn los?

B) Ich „entdecke" irgendwo hinten im Raum meinen Chef und verabschiede mich ganz schnell: „Entschuldigen Sie, ich muss meinen Chef eben begrüßen."
C) Ich bedanke mich bei ihm für das interessante Gespräch, das ich mit dem Hinweis beende: „Wir wollen ja beide noch mit anderen Gästen sprechen, oder?"
A) „So, Herr Michelmann, dann wollen wir auch mal anderen Gästen eine Chance geben."
D) Ich verabschiede mich, um die Toilette aufzusuchen.

Auswertung

Haben Sie überdurchschnittlich oft eine Antwort mit einem bestimmten Buchstaben gegeben, dann können Sie sich dem entsprechenden Typ zuordnen. Verteilen sich Ihre Antworten auf mehrere Buchstaben, dann ergibt sich kein klares Bild, sondern Sie sind eben ein „Mischtyp".

Typ A: Sie lassen sich nicht so leicht in Verlegenheit bringen. Wenn es einmal kritisch wird, dann haben Sie damit „keine Probleme“. Das liegt hauptsächlich daran, dass Sie ein dickes Fell haben. Peinliche Vorfälle, die andere völlig lahm legen, beeinträchtigen Sie nicht im Geringsten. Das macht Sie stark und souverän. Doch auf der anderen Seite fehlt Ihnen das Gespür für Situationen, die anderen peinlich sind. Sie haben kein Taktgefühl. Ohne böse Absicht verletzen Sie Ihre Mitmenschen, weil Ihnen das Verständnis dafür fehlt, wieso einem solche Dinge peinlich sein können. Diese mangelnde Sensibilität macht es für die anderen nicht immer einfach, mit Ihnen umzugehen.

Typ B: Peinliche Situationen versuchen Sie vor allem dadurch zu bereinigen, dass Sie Ihre Mitmenschen wissen lassen: Also an mir liegt es jedenfalls nicht. Ich habe es nicht so gemeint, ich bin nicht daran schuld, dass es so gekommen ist, ich gebe mir Mühe. Dadurch gelingt es Ihnen jedoch nur sehr begrenzt, peinliche Situationen zu meistern. Denn Ihrem Gegenüber ist es oftmals egal, wie viel Sie persönlich zu der Situation beigetragen haben. Sie sollen vielmehr dazu beitragen, aus der verzwickten Lage herauszukommen. Oder Ihr Gegenüber hält Ihr Herauswinden sogar für ein wenig feige und will Sie gerade deshalb nicht davonkommen lassen.

Typ C: Es hält sich die Waage: Sie sind einerseits taktvoll und sensibel genug, um Ihren Mitmenschen aus einer peinlichen Situation herauszuhelfen. Gleichzeitig besitzen Sie so viel Souveränität und innere Stärke, um sich von peinlichen Situationen nicht umwerfen zu lassen. Dabei drücken Sie sich nicht um Ihre Verantwortung herum (wie Typ B) und zeigen sich auch nicht unempfindlich (wie Typ A). Mit einem Wort: Sie entsprechen so sehr unserem Ideal davon, wie man peinliche Situationen meistert, dass der Verdacht nahe liegt, dass Sie als „reiner Typ C" bei der Beantwortung der Fragen nicht immer ganz ehrlich gewesen sind. Das muss Ihnen nicht peinlich sein. Aber das wissen Sie ja bestimmt.

Typ D: Sie reagieren sehr sensibel auf peinliche Situationen. Das ist keineswegs immer ein Nachteil. Aber es lähmt Sie in vielen Situationen. Ein bisschen mehr von der Unbekümmertheit, die Typ A an den Tag legt, würde Ihnen sicher gut tun. Auch neigen Sie dazu, Ihren Mitmenschen allzu sehr entgegenzukommen, wenn Sie ihnen aus einer peinlichen Situation heraushelfen wollen. Sie kennen dieses nagende Gefühl allzu gut, um sich in den anderen hineinzuversetzen. Nur genügt es, wenn Sie dem anderen helfen, aus so einer Situation herauszukommen. Sie müssen sich nicht noch zusätzlich selbst damit belasten.

Impressum

Bibliografische Information der Deutschen Nationalbibliothek
Die Deutsche Nationalbibliothek verzeichnet diese Publikation in der Deutschen Nationalbibliografie; detaillierte bibliografische Daten sind im Internet über http://www.d-nb.de abrufbar.

Print: ISBN: 978-3-648-02932-9 Bestell-Nr.: 01316-0001
ePub: ISBN: 978-3-648-02933-6 Bestell-Nr.: 01316-0100
ePDF: ISBN: 978-3-648-02934-3 Bestell-Nr.: 01316-0150

Horst Hanisch, Dr. Matthias Nöllke
Stilsicher im Beruf
1. Auflage 2012,

Redaktionsanschrift: Fraunhoferstraße 5, 82152 Planegg/München
Telefon: (089) 895 17-0
Telefax: (089) 895 17-290
Internet: www.haufe.de
E-Mail: online@haufe.de
Redaktion: Jürgen Fischer

Lektorat: Ulrich Leinz, Susanne von Ahn
Satz: Beltz Bad Langensalza GmbH, 99947 Bad Langensalza
Umschlag: Kienle gestaltet, Stuttgart
Druck: CPI – Ebner & Spiegel, Ulm

Autoren

Horst Hanisch

ist tätig als Seminarleiter und Trainer und veranstaltet firmeninterne und offene Seminare zu Themen wie „Business Etikette“, „Wie isst man/frau was?“, „Selbstbewusstes und sicheres Auftreten“, „Präsentieren und Rhetorik“, „Erfolg beginnt im Kopf“. Horst Hanisch ist Mitglied der Gastronomischen Akademie Deutschlands.

Seine Website: www.knigge-seminare.de

Von Horst Hanisch stammt der erste Teil dieses Buches.

Dr. Matthias Nöllke

arbeitet als Journalist und Referent. Er ist für den Bayerischen Rundfunk sowie für zahlreiche Unternehmen und Verlage tätig. Er ist Autor verschiedener Bücher zum Thema Schlagfertigkeit, Small Talk und Knigge sowie einiger Fachbücher zum Thema Immobilien und Vermietung.

Von Dr. Matthias Nöllke stammt der zweite Teil dieses Buches.

Weitere Literatur

„Das erste Mal Chef – Ratgeber für die erfolgreiche Karriere", von Ralph Frenzel, 182 Seiten, mit CD-ROM, EUR 18,95, ISBN 978-3-648-01272-7, Bestell-Nr. 00610

„Think Limbic. Die Macht des Unbewussten verstehen und nutzen für Motivation, Marketing, Management", von Hans-Georg Häusel, 228 Seiten, mit CD-ROM, EUR 19,80, ISBN 978-3-448-06813-9, Bestell-Nr. 00174

„Schlagfertigkeit" von Dr. Matthias Nöllke, 229 Seiten, EUR 19,80, ISBN 978-3-448-09589-0, Bestell-Nr. 00797

„Small Talk – die besten Themen" von Dr. Matthias Nöllke, 206 Seiten, EUR 19,80, ISBN 978-3-448-06793-4, Bestell-Nr. 00155

„Machtspiele – die Kunst, sich durchzusetzen" von Dr. Matthias Nöllke, 232 Seiten, EUR 19,80,
ISBN 978-3-448-08053-7, Bestell-Nr. 00088

„Business-Knigge" von Christina Tabernig, 256 Seiten, EUR 6,90, ISBN 978-3-448-07984-5, Bestell-Nr. 00937

TASCHENGUIDE
Einfach! Praktisch!
Cornelia Topf
Small Talk
Best of-Edition
HAUFE.
Small Talk
Cornelia Topf
HAUFE.